林强　张大力　张元　主编

制药工程专业基础实验

ZHIYAO
GONGCHENG
ZHUANYE
JICHU
SHIYAN

化学工业出版社

·北京·

本书是制药工程专业的配套实验教材，根据多年的教学经验和科研成果，精选了药物化学、天然药物化学、药物分析、应用光谱分析、药剂学、药理学、中药材鉴定等实验内容。旨在通过培养学生基本实验技能的基础上，培养学生的探索性和对科研技术的应用，培养学生解决制药企业生产过程中实际问题的能力。

本教材可供培养应用性制药工程专业人才的院校选用。

图书在版编目（CIP）数据

制药工程专业基础实验/林强，张大力，张元主编. —北京：化学工业出版社，2011.7（2017.2重印）
ISBN 978-7-122-11676-5

Ⅰ.制… Ⅱ.①林…②张…③张… Ⅲ.制药工业-实验-教材 Ⅳ.TQ46-33

中国版本图书馆CIP数据核字（2011）第129162号

责任编辑：李植峰　　　　　　　　　文字编辑：刘阿娜
责任校对：陈　静　　　　　　　　　装帧设计：史利平

出版发行：化学工业出版社（北京市东城区青年湖南街13号　邮政编码100011）
印　　刷：北京市振南印刷有限责任公司
装　　订：北京国马印刷厂
787mm×1092mm　1/16　印张9　字数205千字　2017年2月北京第1版第2次印刷

购书咨询：010-64518888（传真：010-64519686）　　售后服务：010-64518899
网　　址：http://www.cip.com.cn
凡购买本书，如有缺损质量问题，本社销售中心负责调换。

定　价：20.00元　　　　　　　　　　　　　　　　　　　版权所有　违者必究

《制药工程专业基础实验》编写人员

主　　编　　林　强　张大力　张　元

编写人员　　（按姓名汉语拼音排列）

　　　　　　葛喜珍　霍　清　林　强　彭兆快

　　　　　　张大力　张　元

前　言

  近年来制药工程技术的发展需要大批具有较强实践能力的工程技术人员，自 1998 年我国开始建立制药工程专业，目前，国内设立制药工程专业的高校已经达到 120 余所，制药工程专业建设也在不断的改革实践中发展。制药工程是化学工程、药学、化学及生物技术等学科形成的交叉学科，它涉及的较多领域，需要学生掌握不同学科的基本实验技术、工程技术和创新能力，但目前国内包含制药工程所有实践教学内容的教材比较少。尤其是各种类型的大学由于办学特色和培养目标的不同，对于实践课程的内容及方法也有所不同。因此，制药工程专业实践教材需要根据培养方式的不同，形成自身的特色。

  北京联合大学生物与化工学院在近年来教学过程中，对应用型制药工程专业人才培养模式进行了研究。根据北京地区对制药工程专业技术人员知识能力的需求进行分析，制定了培养目标和培养方案。培养目标主要是面向地方医药产业，培养具有解决实际工程问题能力的制药工程技术应用型人才。

  本教材根据我们多年的实践教学经验和科学研究成果，精选了药物化学、天然药物化学、药剂学、药理学、药物分析等的实验，在教材的编写过程中多次征求制药企业技术人员探讨如何将企业实践与专业教育培养相结合，因此，吸收了大量企业真实案例和制药工艺流程，注重培养学生解决生产过程中实际问题的能力，探索技术应用型人才培养模式。通过这些课程培养了学生基本实验技能。

  本书编写分工如下：第一章彭兆快，第二章张元，第三章、第四章张大力，第五章霍清，第六章、第七章葛喜珍。

  本教材可供培养应用性制药工程专业人才的院校选用，实验内容可以根据各校的实践教学学时数选用。本教材编者由于水平有限，书中有不妥之处敬请批评指正。

编者

2011. 2

目　录

第一章　药物化学实验 … 1
- 实验一　阿司匹林的合成 … 2
- 实验二　苯妥英钠的合成 … 4
- 实验三　磺胺醋酰钠的合成 … 6
- 实验四　盐酸普鲁卡因的合成 … 8
- 实验五　盐酸普鲁卡因稳定性实验 … 11
- 实验六　美沙拉嗪的合成 … 13
- 实验七　地巴唑的合成 … 15
- 参考文献 … 16

第二章　天然药物化学实验 … 17
- 实验一　薄层板的制备、活度测定及应用 … 18
- 实验二　生物碱类——粉防己生物碱的提取、分离与鉴定 … 21
- 实验三　蒽醌类——大黄中蒽醌成分的提取、分离与鉴定 … 24
- 实验四　黄酮类——芦丁的提取、分离与鉴定 … 27
- 实验五　皂苷类——秦皮中七叶苷、七叶内酯的提取、分离与鉴定 … 30
- 实验六　挥发油类——薄荷挥发油的提取、分离与鉴定 … 32
- 实验七　天然药物成分鉴别法 … 33
- 附录　中草药化学成分检出试剂配制法 … 39
- 参考文献 … 44

第三章　药物分析实验 … 45
- 实验一　葡萄糖杂质检查（一般杂质检查） … 46
- 实验二　异烟肼的分析 … 48
- 实验三　头孢氨苄胶囊的含量测定 … 50
- 实验四　牛黄解毒片的鉴别 … 52
- 实验五　药品鉴别试验常用方法 … 54
- 附录　药物分析实验试剂、试液及其配制 … 57

第四章　应用光谱分析实验 … 61
- 实验一　气相色谱分析实验 … 62
- 实验二　高效液相色谱分析实验 … 64
- 实验三　紫外吸收光谱分析实验 … 66
- 实验四　红外吸收光谱分析实验 … 69

第五章　药剂学实验 … 71
- 实验一　溶液型与胶体型液体制剂的制备 … 72

  实验二 混悬型液体制剂的制备 ··· 77
  实验三 乳浊型液体制剂的制备 ··· 80
  实验四 抗坏血酸注射液处方设计 ··· 83
  实验五 乙酰水杨酸片的制备及其质量评定 ·· 86
  实验六 硬胶囊剂的制备 ·· 91
  实验七 颗粒剂的制备 ··· 93
  实验八 蜜丸的制备 ··· 95
  参考文献 ··· 97
第六章 药理学实验 ··· 99
  实验一 磺胺嘧啶一次性静脉给药后药时曲线的制作 ································· 100
  实验二 给药途径对药物作用的影响 ·· 102
  实验三 肝功能状态对药物作用的影响 ··· 103
  实验四 镁盐中毒及钙剂的拮抗作用 ·· 104
  实验五 药物剂量对药物作用的影响（胰岛素过量的解救） ······················ 105
  实验六 糖皮质激素对毛细血管通透性的影响 ·· 106
  实验七 抗炎药物对大鼠足跖肿胀的影响 ··· 107
  实验八 普萘洛尔对小鼠耐常压缺氧能力的作用 ······································· 108
  实验九 药物镇痛实验（热板法） ·· 109
  实验十 泌尿系统药物实验——呋塞米对小鼠尿量及电解质的影响 ········· 110
  附录一 药理学实验设计的基本原则及数据处理 ····································· 111
  附录二 药理学实验的基本技能 ·· 112
  参考文献 ··· 116
第七章 中药材鉴定实验 ·· 117
  实验一 中药材显微鉴定 ·· 118
  实验二 根、根茎类、皮类药材的鉴别——黄连、川乌、甘草等的鉴别 ···· 119
  实验三 根、根茎类、皮类药材的鉴别——人参、桔梗等的鉴别 ·············· 120
  实验四 茎木类药材的鉴别——关木通、沉香等的鉴别 ··························· 121
  实验五 皮类药材的鉴别——厚朴、肉桂、杜仲等的鉴别 ························ 122
  实验六 花类药材的鉴别——红花、番红花等的鉴别 ······························· 123
  实验七 种子类药材的鉴别——五味子、苦杏仁、补骨脂等的鉴别 ··········· 124
  实验八 全草类药材的鉴别——麻黄、金钱草、广藿香等的鉴别 ·············· 125
  实验九 菌类药材的鉴别——猪苓、茯苓等的鉴别 ····································· 126
  实验十 动物药材的鉴别——金钱白花蛇、乌梢蛇等的鉴别 ····················· 127
  实验十一 综合实验 ·· 128
  参考文献 ··· 128
附录 制药工程实验室管理基本知识 ·· 129
  一、实验室安全操作规程 ·· 129
  二、实验室学生守则 ·· 130
  三、实验室教师守则 ·· 131
  四、实验室安全用电须知 ·· 131
  五、实验室使用和放置化学试剂须知 ··· 132

第一章 药物化学实验

药物化学是一门发现和设计新的治疗用化合物并将其发展成药品的科学。药物化学是药学专业必修的专业基础课，而药物化学实验是药物化学课程的重要组成部分，设置本实验旨在通过实验加深理解药物化学的基本理论和基本知识，了解和掌握药物合成及设计药物的基本过程及方法，包括掌握药物结构修饰的常用方法，了解拼合原理在药物化学中的应用，培养分析问题、解决问题、独立设计实验和实施实验的能力，具备基本的合成化学药物和新药研究开发的能力。

养成理论联系实际、实事求是、严谨认真的科学作风与良好的工作习惯。

实验一　阿司匹林的合成

一、目的要求
1. 掌握酯化反应和重结晶的原理及基本操作。
2. 熟悉药化合成反应中的搅拌方法及应用。

二、实验原理
阿司匹林（Aspirin）为解热镇痛药，用于治疗伤风、感冒、头痛、发烧、神经痛、关节痛及风湿病等。近年来，又证明它具有抑制血小板凝聚的作用，其治疗范围又进一步扩大到预防血栓形成，治疗心血管系统疾病。阿司匹林化学名为2-乙酰氧基苯甲酸，化学结构式为：

$$\text{邻-OCOCH}_3\text{-C}_6\text{H}_4\text{-COOH}$$

阿司匹林为白色针状或板状结晶，mp. 135～140℃，易溶乙醇，可溶于氯仿、乙醚，微溶于水。

合成路线如下：

$$\text{水杨酸} + (CH_3CO)_2O \xrightarrow{H_2SO_4} \text{阿司匹林} + CH_3COOH$$

三、仪器、试剂
磁力搅拌器、磁子、触点温度计、100mL三颈瓶、球形冷凝器、抽滤瓶、布氏漏斗、熔点仪、红外灯。

水杨酸、乙酸酐、浓硫酸、乙醇、稀乙醇（20%）、活性炭、稀硫酸铁铵溶液、冰醋酸、盐酸。

四、实验方法

（一）酯化
在装有搅拌磁子及球形冷凝器的100mL三颈瓶中，依次加入水杨酸10g，乙酸酐14mL，浓硫酸5滴。开动磁力搅拌器，置油浴加热，待浴温升至70℃时，维持在此温度反应30min。停止搅拌，稍冷，将反应液倾入150mL冷水中，继续搅拌，至阿司匹林全部析出。抽滤，用少量稀乙醇洗涤，压干，得粗品。

（二）精制
将所得粗品置于附有球形冷凝器的100mL圆底烧瓶中，加入30mL乙醇，于水浴上加热至阿司匹林全部溶解，稍冷，加入活性炭回流脱色10min，趁热抽滤。将滤液慢慢倾入75mL热水中，自然冷却至室温，析出白色结晶。待结晶析出完全后，抽滤，用少量稀乙醇洗涤，压干，置红外灯下干燥（干燥时温度不超过60℃为宜），测熔点，计算收率。

（三）水杨酸限量检查
对照液的制备：精密称取水杨酸0.1g，加少量水溶解后，加入1mL冰醋酸，摇匀；

加冷水定适量，制成1000mL溶液，摇匀。精密吸取1mL，加入1mL乙醇，48mL水及1mL新配制的稀硫酸铁铵溶液，摇匀。

稀硫酸铁铵溶液的制备：取盐酸（1mol/L）1mL，硫酸铁铵指示液2mL，加冷水适量，制成1000mL溶液，摇匀。

取精制的阿司匹林0.1g，加1mL乙醇溶解后，加冷水定量，制成50mL溶液。立即加入1mL新配制的稀硫酸铁铵溶液，摇匀；30s内显色，与对照液比较，不得更深（0.1%，即每1g阿司匹林中水杨酸含量不得超过1mg）。

（四）结构确证

1. 红外吸收光谱法、标准物TLC对照法。
2. 核磁共振光谱法。

五、思考题

1. 向反应液中加入少量浓硫酸的目的是什么？是否可以不加？为什么？
2. 本反应可能发生哪些副反应？产生哪些副产物？
3. 精制阿司匹林选择溶媒依据什么原理？为何滤液要自然冷却？

实验二 苯妥英钠的合成

一、目的要求

1. 学习安息香缩合反应的原理和应用氰化钠及维生素 B_1 为催化剂进行反应的实验方法。
2. 了解剧毒药氰化钠的使用规则。

二、实验原理

苯妥英钠（Phenytoin Sodium）为抗癫痫药，适于治疗癫痫大发作，也可用于三叉神经痛及某些类型的心律不齐。苯妥英钠化学名为5,5-二苯基乙内酰脲，化学结构式为：

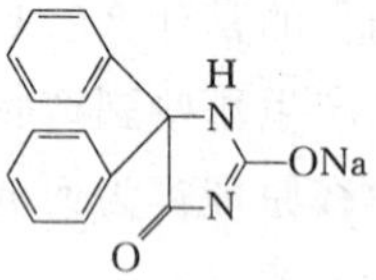

苯妥英钠为白色粉末。无臭、味苦。微有吸湿性，易溶于水，能溶于乙醇，几乎不溶于乙醚和氯仿。

合成路线如下：

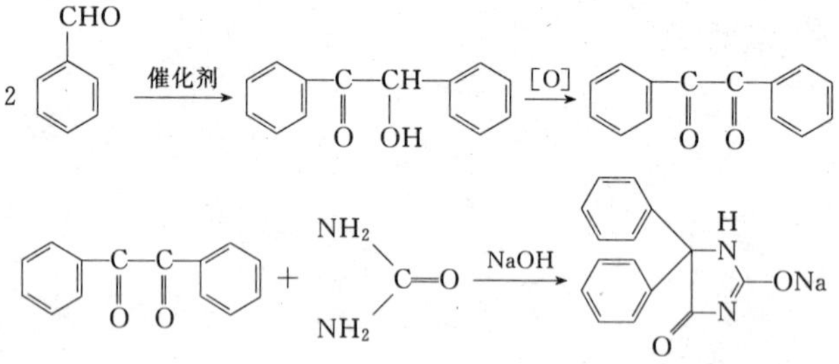

三、仪器、试剂

磁力搅拌器、磁子、触点温度计、球形冷凝器、100mL 三颈瓶、100mL 烧杯、抽滤瓶、布氏漏斗。

苯甲醛、乙醇、20% NaOH 溶液、氰化钠、稀硝酸、50%乙醇、活性炭、尿素、10%盐酸、氯化钠、苯妥英钠。

四、实验方法

（一）安息香的制备

A 法：在装有搅拌磁子、球型冷凝器的 100mL 三颈瓶中，依次投入苯甲醛 12mL，乙醇 20mL。用 20% NaOH 将溶液调至 pH8，小心加入氰化钠 0.3g，开动搅拌，在油浴上加热回流 1.5 h。反应完毕，充分冷却，析出结晶，抽滤，用少量水洗，干燥，得安息香粗品。

B 法：于锥形瓶内加入维生素 B_1 2.7g、水 10mL、95%乙醇 20mL。不时摇动，待维生素 B_1 溶解，加入 2mol/L NaOH 7.5mL，充分摇动，加入新蒸馏的苯甲醛 7.5mL，放置一周。抽滤得淡黄色结晶，用冷水洗，得安息香粗品。

（二）联苯甲酰的制备

在装有搅拌磁子、温度计、球型冷凝器的 100mL 三颈瓶中，投入安息香 6g，稀硝酸（HNO_3 : H_2O = 1 : 0.6）15mL。开动搅拌，用油浴加热，逐渐升温至 110~120℃，反应 2h（反应中产生的氧化氮气体，可在冷凝器顶端装一导管，将其通入水池中排出）。反应完毕，在搅拌下，将反应液倾入 40mL 热水中，搅拌至结晶全部析出。抽滤，结晶用少量水洗，干燥，得粗品。

（三）苯妥英的制备

在装有搅拌磁子、温度计、球型冷凝器的 100mL 三颈瓶中，投入联苯甲酰 4g，脲素 1.4g，20％NaOH 12mL，50％乙醇 20mL，开动搅拌，油浴加热，回流反应 30min。反应完毕，反应液倾入到 120mL 沸水中，加入活性炭，煮沸 10min，放冷，抽滤。滤液用 10％盐酸调至 pH6，放至析出结晶，抽滤，结晶用少量水洗，得苯妥英粗品。

（四）成盐与精制

将苯妥英粗品置 100mL 烧杯中，按粗品与水为 1 : 4 的比例加入水，水浴加热至 40℃，加入 20％NaOH 至全溶，加活性炭少许，在搅拌下加热 5 min，趁热抽滤，滤液加氯化钠至饱和。放冷，析出结晶，抽滤，少量冰水洗涤，干燥得苯妥英钠，称重，计算收率。

（五）结构确证

1. 红外吸收光谱法、标准物 TLC 对照法。
2. 核磁共振光谱法。

五、注意事项

1. 氰化钠为剧毒药品，微量即可致死，故使用时应严格遵守下列规则：①使用时必须戴好口罩、手套，若手上有伤口，应预先用胶布贴好。②称量和投料时，避免撒落它处，一旦撒出，可在其上倾倒过氧化氢溶液，稍过片刻，再用湿抹布抹去即可。粘有氰化钠的容器、称量纸等要按上法处理，不允许不加处理乱丢乱放。③投入氰化钠前，一定要用 20％NaOH 将溶液调至 pH8，pH 值低时可产生剧毒的氰化氢气体（氰化氢为无色气体，空气中最高允许量为 10μL/L）。

2. 硝酸为强氧化剂，使用时应避免与皮肤、衣服等接触，氧化过程中，硝酸被还原产生氧化氮气体，该气体具有一定刺激性，故须控制反应温度，以防止反应激烈，大量氧化氮气体逸出。

3. 制备钠盐时，水量稍多，可使收率受到明显影响，要严格按比例加水。

六、思考题

1. 试述 NaCN 及维生素 B_1 在安息香缩合反应中的作用（催化机理）。
2. 制备联苯甲酰时，反应温度为什么要逐渐升高？氧化剂为什么不用硝酸，而用稀硝酸？
3. 本品精制的原理是什么？

实验三 磺胺醋酰钠的合成

一、目的要求

1. 通过磺胺醋酰钠的合成,了解用控制 pH、温度等反应条件纯化产品的方法。
2. 加深对磺胺类药物一般理化性质的认识。

二、实验原理

磺胺醋酰钠(Sulfacetamide Sodium)用于治疗结膜炎、沙眼及其他眼部感染。化学名为 N-[(4-氨基苯基)-磺酰基]-乙酰胺钠-水合物,化学结构式为:

$$H_2N-C_6H_4-S(O_2)-N(Na)-COCH_3 \cdot H_2O$$

本品为白色结晶性粉末,无臭味、微苦。易溶于水,微溶于乙醇、丙酮。

合成路线如下:

1. 乙酰化反应(磺胺醋酰的制备)

$$H_2N-C_6H_4-SO_2-NH_2 + (CH_3CO)_2O \xrightarrow[pH=12\sim13]{NaOH}$$

$$H_2N-C_6H_4-SO_2-N(Na)-COCH_3 \xrightarrow[pH\,4\sim5]{H^+} H_2N-C_6H_4-SO_2-NHCOCH_3$$

2. 成盐反应(磺胺醋酰钠的制备)

$$H_2N-C_6H_4-SO_2-NHCOCH_3 \xrightarrow[pH\,7\sim8]{NaOH} H_2N-C_6H_4-SO_2-N(Na)-COCH_3 \cdot H_2O$$

三、仪器、试剂

磁力搅拌器、磁子、触点温度计、球形冷凝器、100mL 三颈瓶、100mL 烧杯、抽滤瓶、布氏漏斗。

磺胺、乙酸酐、氢氧化钠溶液(22.5%,43.5%)、盐酸(10%,36%)、丙酮、活性炭。

四、实验方法

(一)磺胺醋酰(SA)的制备

在装有搅拌磁子及温度计的 100mL 三颈瓶中,加入磺胺 17.2g,22.5%氢氧化钠 22mL,开动搅拌,并加热至 50℃左右。待磺胺溶解后,分次加入乙酸酐 13.6mL,43.5%氢氧化钠 12.5mL(首先,加入乙酸酐 3.6mL,43.5%氢氧化钠 2.5mL;随后,每次间隔 5min,将剩余的 43.5%氢氧化钠和乙酸酐分 5 次交替加入,每次各 2mL,因为放热,加乙酸酐时用滴加法,2mL NaOH 可一次加入)。加料期间反应温度维持在 50~55℃;加料完毕继续保持此温度反应 30min。反应完毕,停止搅拌,将反应液倾入 250mL

烧杯中，加水 20mL 稀释，于冷水浴中用 36％盐酸调至 pH7，放置 30min，并不时搅拌析出固体，抽滤除去固体。滤液用 36％盐酸调至 pH4～5，抽滤，得白色粉末。

用 3 倍量（3mL/g）10％盐酸溶解得到的白色粉末，不时搅拌，放置 30min 尽量使单乙酰物成盐酸盐溶解，抽滤除不溶物。滤液加少量活性炭室温脱色 10min，抽滤。滤液用 43.5％氢氧化钠调至 pH5，析出磺胺醋酰，抽滤，干燥，测熔点（mp.179～184℃）。若产品不合格，可用热水（1:15）重结晶。

（二）磺胺醋酰钠的制备

将磺胺醋酰置于 50mL 烧杯中，加 3～5 滴蒸馏水，于水浴上加热至 90℃滴加 22.5％氢氧化钠至固体恰好溶解，放冷，析出结晶，抽滤（用丙酮转移、洗涤），压干，干燥，计算收率。

五、注意事项

1. 在反应过程中交替加料很重要，以使反应液始终保持一定的 pH 值（pH 12～13）。
2. 按实验步骤严格控制每步反应的 pH 值，以利于除去杂质。
3. 将磺胺醋酰制成钠盐时，应严格控制 22.5％NaOH 溶液的用量。因磺胺醋酰钠水溶性大，由磺胺醋酰制备其钠盐时若 22.5％NaOH 的量多，则损失很大。必要时可加少量丙酮，使磺胺醋酰钠析出。

六、思考题

1. 酰化液处理的过程中，pH7 时析出的固体是什么？pH5 时析出的固体是什么？10％盐酸中的不溶物是什么？为什么？
2. 反应碱性过强其结果磺胺较多，磺胺醋酰次之，双乙酰物较少；碱性过弱其结果双乙酰物较多，磺胺醋酰次之，磺胺较少，为什么？
3. 在反应中，控制 pH 值的目的是什么？试写出在不同 pH 值时分离产物的流程图。

实验四 盐酸普鲁卡因的合成

一、目的要求

1. 通过局部麻醉药盐酸普鲁卡因的合成,学习酯化、还原等单元反应。
2. 掌握利用水和二甲苯共沸脱水的原理和分水器的作用及操作方法。
3. 掌握水溶性大的盐类用盐析法进行分离及精制的方法。

二、实验原理

盐酸普鲁卡因(Procaine Hydrochloride)为局部麻醉药,作用强、毒性低。临床上常用其盐酸盐做成针剂使用,它是应用较广的一种局部麻醉药。

化学名为对氨基苯甲酸-2-二乙胺基乙酯盐酸盐,[4-Aminobenzoic acid-2-(diethylamino) ethylester hydrochloride],又名奴佛卡因(Novocain)。化学结构式为

$$H_2N-\text{〇}-COOCH_2CH_2N(C_2H_5)_2 \cdot HCl$$

本品为白色细微针状结晶或结晶性粉末,无臭,味微苦而麻。mp.153～157℃。易溶于水,溶于乙醇,微溶于氯仿,几乎不溶于乙醚。

合成路线如下:

1. 酯化反应(对-硝基苯甲酸-β-二乙胺基乙醇的制备)

$$O_2N-\text{〇}-COOH \xrightarrow{HOCH_2CH_2N(C_2H_5)_2} O_2N-\text{〇}-COOCH_2CH_2N(C_2H_5)_2 \cdot HCl$$

2. 还原反应(对-氨基苯甲酸-β-二乙胺基乙醇酯的制备)

$$O_2N-\text{〇}-COOCH_2CH_2N(C_2H_5)_2 \xrightarrow{Fe/HCl} H_2N-\text{〇}-COOCH_2CH_2N(C_2H_5)_2 \cdot HCl$$

3. 精制成盐(盐酸普鲁卡因的制备)

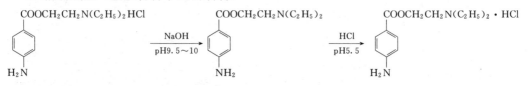

三、仪器、试剂

磁力搅拌器、磁子、触点温度计、分水器、球形冷凝器、500mL 三颈瓶、250mL 量筒、250mL 锥形瓶、抽滤瓶、布氏漏斗。

对-硝基苯甲酸、β-二乙胺基乙醇、二甲苯、3%盐酸、铁粉、20% NaOH、浓盐酸、饱和硫化钠溶液、活性炭、精制食盐、冷乙醇、保险粉。

四、实验方法

(一) 对-硝基苯甲酸-β-二乙胺基乙醇(俗称硝基卡因)的制备(酯化)

在装有搅拌磁子、温度计、分水器及回流冷凝器的500mL三颈瓶中,投入对-硝基苯甲酸20g、β-二乙胺基乙醇14.7g、二甲苯[1]150mL,加热至回流(注意控制温度,内温约为145℃),共沸带水 6h[2]。停止加热,稍冷,将反应液倒入250mL锥形瓶中,放置冷却(过夜),析出固体。将上清液用倾泻法转移至减压蒸馏烧瓶中[3],水泵减压蒸除二甲

苯，残留物以3％盐酸180mL溶解，并与锥形瓶中的固体合并，过滤，除去未反应的对-硝基苯甲酸[4]，滤液（含硝基卡因）备用。

注释

[1] 羧酸和醇之间进行的酯化反应是一个可逆反应。反应达到平衡时，生成酯的量比较少（约65.2％），为使平衡向右移动，需向反应体系中不断加入反应原料或不断除去生成物。本反应利用二甲苯和水形成共沸混合物的原理，将生成的水不断除去，从而打破平衡，使酯化反应趋于完全。由于水的存在对反应产生不利的影响，故实验中使用的试剂和仪器应事先干燥。

[2] 考虑到教学实验的需要和可能，将分水反应时间定为6h，若延长反应时间，收率可提高。

[3] 也可不经放冷，直接蒸去二甲苯，但蒸馏至后期，固体增多，毛细管堵塞操作不方便。

[4] 对-硝基苯甲酸应除尽，否则影响产品质量。

（二）对-氨基苯甲酸-β-二乙胺基乙醇酯的制备（还原）

将上步得到的滤液转移至装有搅拌棒、温度计的500mL三颈瓶中，搅拌下用20％氢氧化钠调pH4.0~4.2。充分搅拌下，于25℃分次[1]加入经活化的铁粉[2]，约0.5h加毕，反应温度自动上升，注意控制温度不超过70℃（必要时可冷却），待铁粉加毕，于40~45℃保温反应2h至溶液转变成棕黑色。抽滤，滤渣以少量水洗涤两次（每次10mL），滤液以稀盐酸10％酸化至pH5。滴加饱和硫化钠溶液调溶液pH7.8~8.0，沉淀反应液中的铁盐，抽滤，滤渣以少量水洗涤两次，滤液用稀盐酸（10％）酸化至pH6。加少量（一匙）活性炭[3]，于50~60℃保温反应10min，抽滤，滤渣用少量水洗涤一次，将滤液用冰水浴冷却至10℃以下，用20％氢氧化钠碱化至普鲁卡因全部析出（pH9.5~10.5），过滤，得普鲁卡因，备用。

注释

[1] 还原反应系放热反应，铁粉必须分次加入，以免反应剧烈，加完后，温度自然上升，保持在45℃左右为宜，并注意反应颜色的变化（从绿-棕-黑），若不转变成棕黑色，表示反应尚未完全。可补加适量活化铁粉，继续反应一段时间。

[2] 铁粉活化的目的是除去其表面的铁锈，方法是取铁粉35g，加水100mL，浓盐酸0.6mL，加热至微沸，用水倾泻法洗至近中性，置水中保存待用。

[3] 除铁时，因溶液中有过量的硫化钠存在，加酸后可使其形成胶体硫，加活性炭后过滤，便可使其除去。

（三）盐酸普鲁卡因的制备（成盐与精制）

1. 成盐

将制得的普鲁卡因盐基置于干燥[1]的小烧杯中，外用冰水浴冷却，慢慢滴加浓盐酸至pH5.5[2]，加热至50℃，加精制食盐至饱和，升温至60℃，加入适量保险粉（约为盐基重量的0.5％），再加热至65~70℃，趁热过滤，滤液冷却结晶，待冷至10℃以下，抽滤，即得盐酸普鲁卡因粗品。

2. 精制

将粗品置干燥烧杯中，滴加蒸馏水至维持在70℃时恰好溶解（按1:1.5倍左右加水）。加入适量的保险粉[3]，于 70℃保温反应 10min，趁热过滤，滤液自然冷却，当有结晶析出时，外用冰水浴冷却，使结晶析出完全。过滤，滤饼用少量冷乙醇洗涤两次，干燥，得盐酸普鲁卡因，mp.153~157℃，以对-硝基苯甲酸计算总收率。

注释

[1] 盐酸普鲁卡因水溶性很大，所用仪器必须干燥，用水量需严格控制，否则影响收率。

[2] 严格掌握溶液 pH5.5，以免芳胺基成盐。

[3] 保险粉为强还原剂，可防止芳胺基氧化，同时可除去有色杂质，以保证产品色泽洁白，若用量过多，则成品含硫量不合格。

五、思考题

1. 在盐酸普鲁卡因的制备中，为何用对-硝基苯甲酸为原料先酯化，然后再进行还原，能否反之，先还原后酯化？为什么？
2. 酯化反应中，为何加入二甲苯作溶剂？
3. 酯化反应结束后，放冷除去的固体是什么？为什么要除去？
4. 在铁粉还原过程中，为什么会发生颜色变化？叙述其反应机制。
5. 还原反应结束，为什么要加入硫化钠？
6. 在盐酸普鲁卡因成盐和精制时，为什么要加入保险粉？解释其原理。

实验五 盐酸普鲁卡因稳定性实验

一、目的要求
1. 了解 pH 值对盐酸普鲁卡因溶液稳定性的影响。
2. 了解薄层色谱法检查药物中杂质的方法。

二、实验原理
盐酸普鲁卡因溶液不稳定,易被水解。在一定温度下,水解速度随氢氧离子浓度的增加而加快。反应如下:

$$\text{H}_2\text{N-C}_6\text{H}_4\text{-COOCH}_2\text{CH}_2\text{N(C}_2\text{H}_5)_2 \cdot \text{HCl} \xrightarrow{\text{NaOH/H}_2\text{O}} \text{H}_2\text{N-C}_6\text{H}_4\text{-COONa} + \text{HO(CH}_2)_2\text{N(C}_2\text{H}_5)_2 + \text{NaCl}$$

三、仪器、试剂
紫外分析灯、玻璃板(5cm×20cm)、研钵、毛细管、10mL 烧杯。

硅胶 GF_{254} 粉、0.5% CMC(羧甲基纤维素)溶液、0.2% 对-氨基苯甲酸溶液、0.1mol/L NaOH 0.4% 盐酸普鲁卡因溶液、丙酮、1% 盐酸、对-二甲氨基苯甲醛试液。

四、实验方法

(一)薄层色谱板的制备
取层析用硅胶 GF_{254} 粉 2.5g,加 0.5% CMC 溶液 7.5mL,于研钵中研磨成糊状,涂铺在平滑洁净玻璃板(5cm×20cm)上,阴干,备用。

(二)试液的制备

1. 标准液的制备
① 0.2% 对-氨基苯甲酸溶液,作为点样液 A。
② 0.4% 盐酸普鲁卡因溶液,作为点样液 B。

2. 供试液的制备
① 取 0.4% 盐酸普鲁卡因溶液 5mL,用 0.1mol/L 盐酸调至 pH2~3,沸水浴中加热 25 min,倾入 10mL 烧杯中,作为点样液 C。
② 取 0.4% 盐酸普鲁卡因溶液 5mL,用 0.1mol/L 氢氧化钠调至 pH9~10,沸水浴中加热 25 min,倾入 10mL 烧杯中,作为点样液 D。

(三)点样
在制好的层析板上,距下端边缘 2.5cm 处,分别用毛细管取点样液 A、点样液 B、点样液 C、点样液 D 进行点样,两点间相距 1cm,于靠边一侧相距约 1cm。

(四)展开
用丙酮与 1% 盐酸(9:1)混合液作为展开剂,置于密闭的层析槽中,待饱和 30min 后,将已点样的层析板放入,用倾斜上行法展开,展开剂上升与点样的位置相距一定距离处(一般为 10~15cm)取出层析板,风干。

（五）显色

用对-二甲氨基苯甲醛试液（对-二甲氨基苯甲醛 1g，溶于 30％盐酸 25mL 及甲醇 75mL 混合液中）喷雾显色，或在紫外分析灯下看展开的斑点，用铅笔画好。

（六）计算

根据点样液原点到上行色点中心距离与点样原点到展开剂上行的前沿距离相比求出比移值（R_f 值）。

五、思考题

1. 盐酸普鲁卡因溶液的稳定性受哪些因素的影响？
2. 为什么用对-二甲氨基苯甲醛试液显色？
3. 薄层色谱法在药物分析中有何用途？

实验六　美沙拉嗪的合成

一、目的要求
1. 掌握硝化反应、还原反应原理。
2. 熟悉硝化反应、还原反应的基本操作技能。

二、实验原理
美沙拉嗪（Mesalazine）为抗结肠炎药、抗慢性结肠炎柳氮磺吡啶（SASP）的活性成分。疗效与 SASP 相同，适用于因副作用和变态反应而不能使用 SASP 的患者，国外已广泛用于治疗溃疡性结肠炎。

其化学名为 5-氨基-2-羟基-苯甲酸（5-Amino-2-hydroxy-benzoic acid），化学结构为：

本品为灰白色结晶或结晶状粉末。微溶于冷水、乙醇，mp. 280℃。

三、仪器、试剂
磁力搅拌器、磁子、电动搅拌器、冷凝器（附有空气导管、安全瓶及碱性吸收池）、温度计、滴液漏斗、250mL 三颈瓶。

水杨酸、浓硝酸、浓盐酸、铁粉、40%NaOH、保险粉、浓硫酸、15%氨水。

四、实验方法

（一）5-硝基-2-羟基苯甲酸的制备（硝化）

在装有冷凝器（附有空气导管、安全瓶及碱性吸收池）、温度计和滴液漏斗的 250mL 三颈瓶中，加入水杨酸 14g（0.1mol）、水 30mL，电动搅拌器下，升温至 70℃，缓缓滴加浓硝酸 12mL，保持反应温度在 70~80℃，滴毕，继续保温反应 1h。倒入 150mL 冰水中，放置 1h。抽滤，用水洗涤，得粗品，将粗品加入 150mL 水加热至沸待全部溶解，热过滤，滤液充分冷却，抽滤，得淡黄结晶 11.2g（60%），mp. 227~230℃。

（二）美沙拉嗪的合成（还原）

在装有电动搅拌器、冷凝管及温度计的 250mL 三颈瓶中，加入水 60mL，升温至 60℃以上，加入浓盐酸 4.2mL，活化铁粉 4g（0.07mol），加热回流后，交替加入活化铁粉 6g（0.11mol）和 5-硝基-2-羟基苯甲酸 10g（0.56mol），加毕，继续保温搅拌 1h。反应毕，冷却至 80℃后，用 40%氢氧化钠溶液调至 pH 碱性，过滤，水洗，合并滤液和洗液，向其中加入保险粉 1.3g，搅拌，过滤，滤液用 40%硫酸调至 pH 2~3，析出固体，过滤，干燥，得固体粗品 6.02g（73.3%）。向粗品中加水 100mL，浓硫酸 4.5mL 和活性炭少许，加热回流数分钟，趁热过滤，冷却，滤液用 15%氨水调至 pH2~3，析出固体，过滤，水洗，干燥，得精品 5.32g（64.8%），mp. 274℃。

五、注意事项

1. 硝化反应是放热反应,滴加硝酸时,滴加速度要尽可能慢,同时电热套的电压应调节合适,以保持反应温度在70~80℃为宜。

2. 铁粉活化的方法:将铁粉10g,水50mL,置150mL蒸发皿中,加浓盐酸0.4mL,煮沸。用水以倾泻法洗至中性,置水中待用。

六、思考题

1. 写出硝化反应的机理。
2. 试述铁粉活化的目的。

实验七 地巴唑的合成

一、目的要求
1. 熟悉合成杂环药物的方法。
2. 掌握脱水反应原理及操作技术。

二、实验原理
地巴唑（Dibazole）为降压药，对血管平滑肌有直接松弛作用，使血压略有下降。可用于轻度的高血压和脑血管痉挛等。地巴唑化学名为 α-苄基苯并咪唑盐酸盐，化学结构式为：

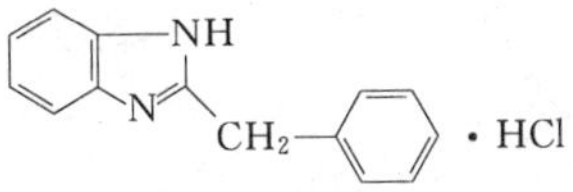

地巴唑为白色结晶性粉末，无臭。mp. 182～186℃，几乎不溶于氯仿和苯，略溶于热水或乙醇。

合成路线如下：

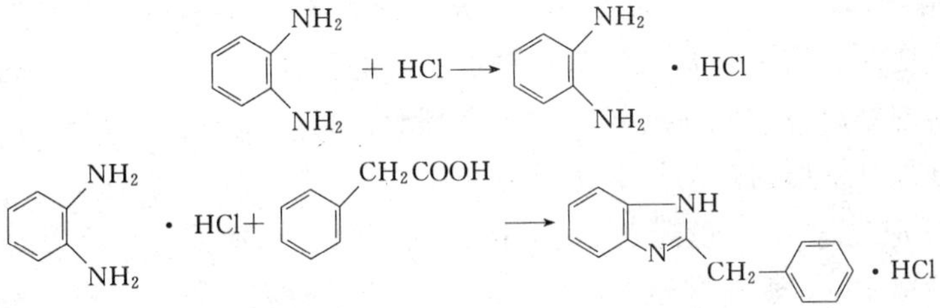

三、仪器、试剂
红外灯、加热套、搅拌器、蒸馏头、直型冷凝器、尾接管、温度计、50mL 三颈瓶。
邻苯二胺、苯乙酸、浓盐酸、乙醇、活性炭、10%氢氧化钠。

四、实验方法
（一）成盐

将浓盐酸 11.2mL 稀释至 17.4mL，取其半量加入 50mL 烧杯中，盖上表面皿，于加热套上加热至近沸。一次加入邻苯二胺用玻璃棒搅拌，使固体溶解，然后加入余下的盐酸和活性炭 1g，搅匀，趁热抽滤。滤液冷却后，析出结晶，抽滤，结晶用少量乙醇洗三次，抽干，干燥，得白色或粉红色针状结晶，即为邻苯二胺单盐酸盐。测熔点，计算收率。

（二）环合

在装有搅拌器、温度计和蒸馏装置的 60mL 三颈瓶中，加入苯乙酸适量（苯乙酸与邻苯二胺单盐酸盐的摩尔比为 1.06：1），沙浴加热，使内温达 99～100℃。待苯乙酸熔化后，在搅拌下加入邻苯二胺单盐酸盐（将上一步产品全部投料）。升温至 150℃开始脱水，然后慢慢升温，于 160～240℃反应 3 h（大部分时间控制在 200℃左右）。反应结束后，使反应液冷却到 150℃以下，趁热慢慢向反应液中加入 4 倍量的沸水（按邻苯二胺单盐酸盐计算），搅拌溶解，加活性炭脱色，趁热抽滤，将滤液立即转移到烧杯中，搅拌，冷却，结晶（防止结成大块）抽滤，结晶用少量水洗三次，得地巴唑盐基粗品。

（三）盐基的精制

取约为地巴唑盐基湿粗品5.5倍量的水，加入烧杯中，加热煮沸，投入地巴唑盐基粗品，加热溶解后，用10％氢氧化钠调节到pH9，冷却，抽滤，结晶用少量蒸馏水洗至中性，抽干，即得地巴唑盐基精品。

（四）成盐

将地巴唑盐基湿品用1.5倍量蒸馏水调成糊状，加热，抽滤，结晶用盐酸调节pH4~5，使完全溶解。加活性炭脱色，趁热抽滤，使滤液冷却，析出结晶，用蒸馏水洗三次，得地巴唑盐粗品。

（五）盐的精制

将地巴唑盐粗品用二倍量蒸馏水加热溶解，加活性炭脱色，趁热抽滤，滤液冷却，析出结晶。抽滤，用蒸馏水洗三次，抽干，干燥，测熔点，计算收率。

（六）结构确证

1. 红外吸收光谱法、标准物TLC对照法。
2. 核磁共振光谱法。

五、注意事项

1. 用盐酸溶解邻苯二胺时，温度不宜过高，约80~90℃即可，否则所生成的邻苯二胺单盐酸盐颜色变深。由于邻苯二胺单盐在水中溶解度较大，故所用仪器应尽量干燥。邻苯二胺单盐酸盐制好后，应先在空气中吹去大部分溶媒，然后再于红外灯下干燥。否则，产品长时间在红外灯下照射，易被氧化成浅红色。

2. 在环合反应过程中，气味较大，可将出气口导至水槽，温度上升速度视蒸出水的速度而定。开始由160℃逐渐升至200℃，较长时间维持在200℃左右，最后半小时升至240℃，但不得超过240℃，否则邻苯二胺被破坏，产生黑色树脂状物，产率明显下降。在加入沸水前，反应液须冷却到150℃以下，以防反应瓶破裂。

3. 在精制地巴唑盐基时，结晶用少量蒸馏水洗至中性的目的是洗去未反应的苯乙酸。

六、思考题

1. 在邻苯二胺单盐酸盐制备中，取半量盐酸加热近沸，此时为什么温度不宜过高？
2. 环合反应温度太高有何不利影响？为什么？

参 考 文 献

[1] 赵剑英，孙桂彬．有机化学实验．北京：化学工业出版社，2009．

第二章　天然药物化学实验

天然药物化学实验是天然药物化学课的重要组成部分。其主要目的是通过实验，以验证的方式检验和强化在课堂上所学的理论知识，掌握由天然药物中提取、分离、精制有效成分的实验技术，并在实验中加深对天然活性成分的化学结构类型及理化性质的认识，掌握典型天然成分鉴别的基本方法和技能。在实验中，重点是要加强基本操作技能的训练，提高独立动手、观察分析和解决问题的能力，培养实事求是、严谨的科学态度及良好的实验室习惯等，通过实验训练获得从事天然药物化学科研工作的基本技能。

实验一　薄层板的制备、活度测定及应用

一、实验目的
1. 掌握薄层板的制备及薄层色谱的操作方法。
2. 掌握吸附剂活度测定的原理及方法。
3. 应用薄层色谱法检测识别中草药化学成分。

二、实验仪器与材料
仪器：烘箱，玻璃板，研钵，水浴锅，天平，薄层涂布器。

试剂：氧化铝，纤维素，聚酰胺，硅胶，羧甲基纤维素钠，甲酸，二甲基黄，苏丹红，靛酚蓝，苯，偶氮苯，对甲氧基偶氮苯，苏丹黄，苏丹红，对氨基偶氮苯，四氯化碳。

三、实验内容

（一）薄层板的制备

1. 不加黏合剂的薄层涂布法

（1）氧化铝薄层　将吸附剂置于薄层涂布器中，调节涂布器的高度，向前推动，即得均匀薄层。本实验主要用下述简易操作涂布薄层，取表面光滑、直径统一的玻璃棒一支，依据所制备薄层的宽度、厚度要求，在玻璃棒两端套上厚度为 0.3～1mm 的塑料圈或金属环，并在玻璃棒一端一定距离处套上较厚的塑料圈或金属环，以使玻璃棒向前推动时能保持平行方向，操作时，将氧化铝粉均匀地铺在玻璃板上，匀速向前推动。

（2）纤维素薄层　一般取纤维素粉1份加水约5份，在烧杯中混合均匀后，倒在玻璃板上，轻轻振动，使涂布均匀，水平放置，待水分蒸发至近干，于 100℃±2℃ 干燥 30～60min 即得。

（3）聚酰胺薄层　取锦纶丝（无色干净废丝即可）用乙醇加热浸泡 2～3 次，除去蜡质等。称取洗净的锦纶丝 1g，加 85% 甲酸 5mL，在水浴上加热使溶，再加 70% 乙醇 6mL。继续加热使完全溶解成透明胶状溶液。将此溶液适量倒在水平放置的用清洁液洗净的玻璃片上，并自然向周围推匀，厚度约 0.3mm，薄层太厚时，干后会裂开。将铺好的薄板水平放在盛温水的盘上，使盘中的水蒸气能熏湿薄板，盘子加玻璃板盖严密，薄板放置约 1h 完全固化变不透明白色，再放数小时后，泡在流水中洗去甲酸，先在空气中晾干，后在烘箱中 80℃ 恒温加热活化 15min，冷后置干燥器中储存备用。

2. 加黏合剂薄层的涂布法

（1）硅胶 G 薄层　取硅胶 G 或硅胶 GF 一份，置烧杯中加水约 5 份混合均匀，放置片刻，随即用药匙取一定量，分别倒在一定大小的玻璃片上（或倒入涂布器中，推动涂布），均匀涂布成 0.25～0.5mm 厚度，轻轻振动玻璃板，使薄层面平整均匀，在水平位置放置，待薄层发白近干，于烘箱中 100℃ 活化 0.5～1h，冷后储于干燥器内备用。活化温度和时间可依需要调整，一般检识水溶性成分或一些极性大的成分时，所用薄层板只在空气中自然干燥，不经活化即可储存备用。

(2) 硅胶 H 羧甲基纤维素钠（CMC-Na）薄层　取羧甲基纤维素钠 0.2g，溶于 25mL 水中，在水浴上加热搅拌使完全溶解，倒入烧杯中，加薄层色谱用硅胶（颗粒度 10～40μm 的约 6～8g）。混成均匀的稀糊，按照硅胶 G 薄层涂布法制备薄层；或取 0.8%羧甲基纤维素钠 10mL，倒入广口瓶（高约 10～12cm）中，然后逐步加入薄层色谱用硅胶 3.3g，不断振摇成均匀的稀糊，把两块载玻片面对面结合在一起，这样每片只有一面与硅胶糊接触，使薄片浸入硅胶稀糊中，然后慢慢取出，分开两块薄片，将未粘附硅胶糊的那一面水平放在一张清洁的纸上，让其自然阴干，100℃下烘 30min。冷后置于干燥器内备用。未消耗的硅胶稀糊可储存在广口瓶内，以供再用。

氧化铝薄层，氧化铝羧甲基纤维素钠薄层的制备方法同上，一般所需要氧化铝比硅胶稍多。

目前国内外市场有预先制好的薄层板，底板用玻璃、塑料、铝片等。可按需要用玻璃刀划割，也有用剪刀剪成所要的大小，使用方便，价格贵些。

3. 特殊薄层的制备

根据分离工作的特殊需要，可制成以下几种特制薄层。

(1) 酸、碱薄层和 pH 缓冲薄层　为了改变吸附剂的酸碱性，以改进分离效果，可在吸附剂中加入稀酸溶液（如 0.1～0.5mol/L 草酸溶液）代替水制成酸性氧化铝薄层使用，硅胶微呈酸性，可在铺层时用稀碱溶液（如 0.1～0.5mol/L 氢氧化钠溶液）代替水制成碱性的硅胶薄层。当用醋酸钠、磷酸盐等不同 pH 的缓冲液代替水铺层，制成一定 pH 缓冲的薄层。

羧甲基纤维素钠的溶液一般用 0.5%～1%浓度，宜预先配制后静置，取其上层澄清溶液应用，则所制备的薄层表面较为细腻平滑。常用 0.8%浓度。CMC-Na 系中黏度，300～500cP（黏度单位）。CMC-Na 系碳水化合物，调制时应在水浴上进行。活化温度不应过高，防止炭化。

(2) 络合薄层　硝酸银薄层的制法，可在吸附剂中加入 5%～25%硝酸银水溶液代替水制成均匀糊状，再按常法铺成薄层，制成薄层避光阴干，于 105℃活化半小时后避光储存，制成的薄层以不变成灰色为好，在三天内应用。也可先把硝酸银用少量水溶解，再用甲醇稀释成 10%溶液，把预先制好的硅胶 G 薄层浸入此溶液中约 1min，取出避光阴干，按上法活化，储存。

(二) 吸附剂的活度测定

1. 氧化铝活度的测定

一般可用 4～5 种偶氮染料以薄层色谱法进行测定。

染料试剂的配制：取偶氮苯（Azobenzene）50mg，对甲氧基偶氮苯（P-Methoxyuzo-benzene）、苏丹黄（SudanⅠ，Benzeneazo-β-naphthol）、苏丹红（SudanⅢ Tetrazobenzol-β-naphthol）、对氨基偶氮苯（P-Aminoazobenzene）各 20mg，分别溶于 50mL 重蒸馏的四氯化碳（经氢氧化钠干燥）中。

常法制备不含黏合剂氧化铝薄层，以铅笔尖或毛细管尖在薄层板一端 2～3cm 处间隔 1cm 左右轻轻点上 5 个可以看清的小点，各吸取约 0.02mL 染料试剂分别点滴于原点上，以四氯化碳为展开剂，展开时薄层板与容器底部交角为 10°～40°之间，展开后测出各斑点的 R_f 值，从下表确定氧化铝的活度（一般高活性氧化铝Ⅰ～Ⅲ级活度使用本法时，结果往往偏低）。

另取不含黏合剂氧化铝薄层板一块，置于水蒸气饱和容器内，2～3h后取出，按上述方法测定活度。观察有无变化。结果可对照下表。

表　氧化铝活度与偶氮染料 R_f 值关系

偶氮染料	各级氧化铝活度的 R_f 值			
	二级	三级	四级	五级
偶氮苯	0.59	0.72	0.85	0.95
对甲氧基偶氮苯	0.16	0.45	0.69	0.89
苏丹黄	0.02	0.25	0.87	0.98
苏丹红	0.00	0.10	0.35	0.50
对氨基偶氮苯	0.00	0.05	0.08	0.19

2. 硅胶活度的测定

一般选用三种染料的薄层色谱法进行测定。

用0.01%二甲基黄（Dimethy-yellow，P-Dimethylaminoazobenzene），苏丹红（Sudan Ⅲ），靛酚蓝（Indophenol blue 4-Tapnthoquinone-4-dimethyl aminoaniline）的苯溶液各10μL点滴于硅胶G或硅胶H薄层上，以苯为展开剂，展开10cm（约20min），三种染料应明显分离，靛酚蓝斑点接近于起始线，二甲基黄斑点在薄层的居中。苏丹红斑点在二甲基黄斑点之上，则认为薄层板活性符合要求。

国内青岛海洋化工厂出售薄层色谱用的硅胶在吸附剂名称之后加几个字标明的意思是：硅胶G（G是Gypsum石膏的缩写。表示加了石膏），硅胶H（H表示不加石膏），硅胶GF_{254}（F_{254}表示加石膏和波长254nm显绿色荧光的硅酸锌锰）。硅胶GF_{365}（表示加石膏和波长365nm显黄色荧光的硫化锌镉）。氧化铝则类推。

（三）薄层色谱的应用

薄层色谱法在天然药物化学成分的研究中，主要应用于化学成分的预试、化学成分的鉴定及探索柱层分离的条件。用薄层色谱进行中草药化学成分检识，可依据各类成分性质及熟知的条件有针对性地进行。由于在薄层上展开后，可将一些杂质分离，选择性高，可使预试结果更为可靠，不仅可通过显色获知成分类型，而且可初步了解主要成分的数目及其极性大小。

例如丹参色素的TLC检识。

吸附剂：硅胶G-CMC-Na板

样品：丹参乙醚提取液

展开剂：石油醚-醋酸乙酯（9∶1）

记录TLC结果。

四、思考题

1. 硅胶、氧化铝、聚酰胺各适合于分离哪些类型的化合物？
2. 什么是制备薄层？简要叙述其操作过程。
3. 什么是边缘效应？它是怎样产生的？如何克服？

实验二　生物碱类——粉防己生物碱的提取、分离与鉴定

汉防己为防己科千金藤属物粉防己 Stephania tetrandra S. Mcore 的根，是祛风解热镇痛药物，其有效成分为生物碱。主要是汉防己甲素和汉防己乙素。临床上除用作治疗高血压、神经性疼痛、抗阿米巴原虫外，还将粉防己生物碱的碘甲基或溴甲基化合物作为肌肉松弛剂应用。此外，汉防己甲素在动物实验中表明有抗癌和扩张血管的作用。

一、实验目的
1. 生物碱的一般提取方法。
2. 用低压柱色谱分离，纯化单体的方法及薄层色谱鉴定。

二、实验仪器与材料
药材：汉防己（粉防己）。
仪器：低压柱，烘箱，天平，回流提取装置，柱色谱装置，减压蒸馏装置等。
试剂：H_2SO_4，新鲜石灰乳，乙醚，乙醇，NaCl，硅胶，二乙胺，改良碘化铋钾等。

三、实验内容
粉防己根中总生物碱含量为 1.5%～2.3%，主要为汉防己甲素，含量约 1%，汉防己乙素，含量约 0.5%；轮环藤酚碱，含量为 0.2%；以及其他数种微量生物碱。汉防己甲素（tetrandrine，汉防己碱，粉防己碱）为无色针晶，不溶于水和石油醚，易溶于乙醇、丙酮、乙酸乙酯、乙醚和氯仿等有机溶剂及稀酸水中，可溶于苯，mp.216℃，有双熔点现象，自丙酮中结晶者，150℃ 左右熔后加热又固化，至 213℃ 复熔。汉防己乙素（fangchinoline，又称防己诺林碱，去甲粉防己碱）溶解行为与汉防己甲素相似，因有一个酚羟基，故极性较汉防己甲素稍高，在苯中的溶解度小于汉防己甲素而在乙醇中又大于汉防己甲素。轮环藤酚碱（cylanoline）为水溶性季铵生物碱，不溶于极性溶剂，氯化物为无色，八面体状结晶，mp.214～216℃，碘化物为无色绢丝状结晶，mp.185℃；苦味酸盐为黄色结晶，mp.154～156℃。

R=CH_3　　　汉防己甲素
R=H　　　　汉防己乙素

轮环藤酚碱

1. 总生物碱的提取和亲脂性生物碱与亲水性生物碱的分离示意图

```
           汉防己药材粗粉 100g
                ↓ 0.5% H₂SO₄ 液渗漉（注一）
           酸水渗漉液（为原料的 3～10 倍体积量）
                ↓ 加新鲜石灰乳调 pH9～10，静置，抽滤
    ┌───────────┴───────────┐
  泥黄色沉淀              碱水液（水溶性季铵碱及水溶性杂质）
    │ 将沉淀与静砂拌匀（注二）
    │ 80℃烘干，置索氏提取器中用乙醚（约 180mL）提取至提尽生物碱（注三）
    │ 回收乙醚（注四）
  乙醚提取物
    │ 用 95% 乙醇 40～60mL 回流热溶后
    │ 倾入 500mL 水中，加 30g NaCl 盐析水浴上加热至凝结，静置
    │ 抽滤
  白色沉淀（亲脂性叔铵总碱，以汉防己甲素、汉防己乙素为主）
```

注一：将汉防己粗粉加适量酸水液，以能将生药粉末润湿为度（约 150mL），充分拌匀，放置半小时，均匀而致密地装入渗筒内，供渗漉用，流速约 1.5mL/min。

注二：净砂必须事前洗净烘干，拌和量最好不要超过 120g，以免索氏提取器一次装不下或装得过多。提不尽生物碱。

注三：检查生物碱是否提尽的方法是取最后一次乙醚提取液约数滴，挥去乙醚，残渣加 5%HCl 0.5mL 溶解后，加改良碘化铋钾试剂一滴，无沉淀析出或明显浑浊时，表明生物碱已提尽，或基本提尽。反之，应继续提取。

注四：先将提取器内滤纸筒取出。然后将提取的最后一次乙醚提取液倾出（另器储存），再将提取玻筒安装好，继续加热，回收烧瓶中乙醚于玻筒中，至烧瓶内的乙醚提取液体积较小时，停止回收，将烧瓶中乙醚提取液倾出。

2. 低压柱色谱分离汉防己甲素和汉防己乙素

低压柱色谱在低压下（$0.5\sim3\text{kgf/cm}^2$，一般 $0.3\sim1.2\text{kgf/cm}^2$）采用颗粒直径介于经典柱色谱（$100\sim200\mu m$）和 HPLC（$<37\mu m$）之间的薄层色谱用硅胶（或氧化铝）H 或 G（$50\sim75\mu m$）作为填充剂，其基本原理与 HPLC 相同，分离效果也介于经典柱与 HPLC 之间，用减压干法装柱，铺层紧密均匀，色谱带分布集中整齐，同时薄层色谱的最佳分离溶剂系统可以直接用于低压柱色谱，它是一种分离效果较好，设备简单，操作方便，快速的方法。适宜于天然产物的常量制备性分离。

（1）装柱　减压干法装法，色谱柱规格：柱长 30cm，内径 2cm，共装硅胶约 30g（高约 22cm）。

（2）拌样加样　取汉防己碱约 150mg，加少量丙酮热溶（刚溶为度）用滴管加到 1.5g 硅胶上，仔细拌匀，水浴上蒸干，碾细，通过一个长颈漏斗小心加在柱顶，轻轻垂直顿击，待样品表面平整不拌动时，上面再盖约 1～2cm 高的空白硅胶，再加盖一圆形滤纸片，压紧。

（3）洗脱　先检查从空压机至色谱柱各阀门管道是否正常，关紧各个阀门，开动空压机至额定压力（5.8kgf/cm^2）待用。用滴管顺色谱柱柱壁仔细加入少量洗脱剂（环己烷-乙酸乙酯-二乙胺 6：2：0.8），当液面达到一定高度时，再一次加入其余洗脱剂（共约 250mL），迅速在柱顶上装上玻璃标口塞接头，用铁夹压紧（防加压时接头冲开），小心开启空压机阀门，再开针形阀和空气过滤减压器，（注意：压力过大，玻璃柱会炸，一般

2kgf/cm² 是安全的，必要时可戴防护面罩）调动所需压力，0.6～1.2kgf/cm²，约40min 后流出，控制流速1mL/min，每10min左右接收一管，收12～15份，洗脱全过程约3h。

（4）检查　各流份分别移入小玻璃蒸发器中，于水浴上浓缩，分别通过TLC检查，吸附剂：硅胶G，展开剂：环己烷-乙酸乙酯-二乙胺（6∶3∶1），改良碘化铋钾试剂喷雾显色，以汉防己甲素、汉防己乙素为标准品对照，合并相同组分，分别获得汉防己甲素、汉防己乙素粗品，用丙酮重结晶，测定熔点。

3. 生物碱的鉴定方法

（1）衍生物制备　取汉防己甲素0.2g，溶于2mL丙酮中，滴加苦味酸饱和水溶液至不再析出黄色沉淀为止，抽滤收集沉淀，顺次以少量水乙醚洗涤，乙醇重结晶，得汉防己甲素苦味酸盐，mp.235～242℃。

（2）有机胺碱的TLC

吸附剂：薄层色谱硅胶G，用0.3％CMC-Na水液制板，110℃活化1h。

样品：分出的汉防己甲素、汉防己乙素、总碱

展开剂：环己烷-乙酸乙酯-二乙胺（6∶2∶1）

显色剂：改良碘化铋钾试剂（展开后用电吹风吹干再喷显色剂，以免二乙胺干扰）

现象：汉防己甲素显色后呈淡棕色，2h左右就褪色，而汉防己乙素呈棕色，久置不褪色，可帮助其辨认。

四、思考题

1. 试比较汉防己甲素、汉防己乙素的极性大小，并预测低压柱分离时它们流出的先后顺序。

2. 简述影响生物碱碱性的因素。

实验三 蒽醌类——大黄中蒽醌成分的提取、分离与鉴定

大黄记载于《神农本草经》等许多文献中，用于泻下、健胃、清热、解毒等。

自古以来，大黄在植物性泻下药中占有重要位置，是一位很早就被各国药典所收载的世界性生药。大黄的种类繁多，优质大黄是蓼科植物掌叶大黄（*Rheum palmatclm L*）、大黄（*R. officinale Baill*）及唐古特大黄（*R. tangutium Maxim. et Regll*）的根茎及根，大黄中含有多种游离的羟基蒽醌类化合物以及它们与糖所形成的苷。已经知道的羟基蒽醌主要有下列五种：

R^1	R^2	名称	晶形	熔点/℃
—H	—COOH	大黄酸（rhein）	黄色针晶	318～320
—CH_3	—OH	大黄素（emodin）	橙色针晶	256～257
—H	—CH_2OH	芦荟大黄素（aloe-emodin）	橙色细针晶	206～208
—CH_3	—OCH_3	大黄素甲醚（physcion）	砖红色针晶	207
—H	—CH_3	大黄酚（chrysophanol）	金色片状结晶	196

大黄中蒽醌苷元，其结构不同，因而酸性强弱也不同。大黄酸连有—COOH，酸性最强；大黄素连有 β-OH，酸性第二；芦荟大黄素连有苄醇—OH，酸性第三；大黄素甲醚和大黄酚均具有1,8-二酚羟基，前者连有—OCH_3 和—CH_3，后者只连有—CH_3，因而后者酸性排在第四位。

一、实验目的

1. 学习缓冲纸色谱的基本操作技术，并能根据色谱结果，设计液-液萃取法分离混合物的实验方案。

2. 掌握 pH 梯度法的原理及操作技术。

3. 通过磷酸氢钙柱色谱分离大黄酚及大黄素甲醚的实验，进一步熟悉柱色谱操作技术。

4. 学习蒽醌类化合物鉴定方法。

二、实验仪器与材料

原料：虎杖粗粉。

试剂：乙醇、乙醚、氯仿、$NaHCO_3$、Na_2CO_3、NaOH、Al_2O_3、硅胶 G 板等。

仪器：水浴锅、回流提取装置、分液漏斗等。

三、实验内容

1. 实验原理

羟基醌类化合物及二苯乙烯类成分，均可溶于乙醇中，故可用乙醇将它们取出来。根据游离蒽醌与苷溶解性能的差异，先用乙醚萃取出游离蒽醌等脂溶性成分，从而使脂溶性

成分（苷元）与水溶性成分（苷）得到分离，即：羟基蒽醌类易溶于乙醚等弱极性溶剂，白藜芦醇苷在乙醚中溶解度很小，利用它们对乙醚的溶解性差异使羟基蒽醌类与白藜芦醇苷分离。再根据虎杖中的蒽醌类成分由于结构中酚羟基数目及位置的不同而呈现不同强度的酸性，用碱度递增的水溶液（5%NaHCO$_3$，5%Na$_2$CO$_3$，2%NaOH）自乙醚中提出不同酸性强弱的游离蒽醌类成分，达到分离的目的。

2. 提取分离流程

提取流程见下图。

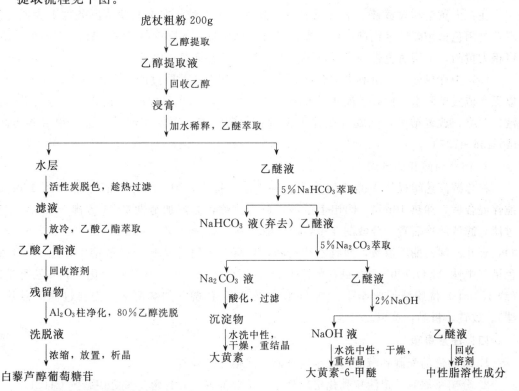

3. 乙醇总提取物的制备

乙醇总提取物的制备：取虎杖粗粉50g，于500mL圆底烧瓶中回流，第一次加95%乙醇250mL回流1h，第二次加95%乙醇200mL回流0.5h，合并乙醇提取液，放置，如有沉淀可过滤一次，滤液减压回收乙醇至干（无醇味），得膏状总提取物。

4. 总游离蒽醌的提取

将上述膏状物加水15mL稀释于分液漏斗中，加入50mL乙醚充分振摇后放置，静置分层，放出下层溶液，将上层醚液转移至具塞三角瓶中，同法操作四次，合并醚液。合并乙醚液即为亲脂性成分——总游离蒽醌，乙醚提取过的剩余物中含水溶性成分。

5. 游离蒽醌分离

(1) 大黄素的分离 将上述含总游离蒽醌的乙醚液置250mL分液漏斗中，加5%碳酸氢钠水溶液40mL萃取（测5%碳酸氢钠pH值），放置使充分分层，若提取过程中乙醚挥发可补充，分出碱水溶液，同法提取3~4次。乙醚液再用5%Na$_2$CO$_3$（测5%碳酸钠水溶液的pH值）水溶液萃取7~9次（50mL×2，30mL×2~3，20mL×3~4），合并碱水提取液，挥去碱液中的乙醚。碱液在搅拌下缓缓滴加6mol/L盐酸调至pH值为2，注意观察颜色变化，稍放置即可析出沉淀。抽滤，用水洗涤沉淀至中性，将沉淀置表面器上干燥，称重。用 8～12 倍量的 95％乙醇重结晶，得到大黄素结晶。

（2）大黄素-6 甲醚的分离　以上用 5％碳酸钠溶液萃取过的乙醚液用 2％NaOH 萃取 4～5 次，每次 30mL，合并 NaOH 溶液，挥去碱液中的乙醚。碱液在搅拌下缓缓滴加 6mol/L 盐酸调至 pH 值为 3，注意观察颜色变化，稍放置即可析出沉淀。抽滤，用水洗涤沉淀中性，将沉淀置表面皿上干燥，称重。以甲醇-氯仿或苯-氯仿（1∶1）重结晶，得大黄酚和大黄素 6-甲醚混合物。

注：大黄酚和大黄素 6-甲醚二者相互分离比较困难，在本实验薄层条件下为同一斑点，可用色谱用磷酸氢钙进行柱色谱，以石油醚洗脱，下层黄色带洗脱后，以甲醇重结晶可得大黄酚，上层黄色带洗脱后以甲醇重结晶可得大黄素 6-甲醚。

（3）中性成分——甾醇类化合物的分离　氢氧化钠萃取过的乙醚液，用水洗至中性，以无水硫酸钠脱水，回收乙醚得残留物，以甲醇热溶二次（10mL，5mL）过滤合并甲醇液，浓缩，放置结晶，滤取沉淀并用少量石油醚洗涤，再用甲醇重结晶，得 β-谷甾醇，mp. 136～137℃。

6. 白藜芦醇苷的分离

将总游离蒽醌提取中的乙醚萃取后的水层，挥去乙醚，置于烧杯中加水到 150mL，搅拌混合后，加热 10min，倾出上层液，放冷过滤，滤液加活性炭 2g 煮沸 20min，趁热过滤，滤液放冷后置于分液漏斗中，用乙酸乙酯萃取 5～7 次（40mL×2～3，30mL×3～4），合并乙酸乙酯萃取液，回收乙酸乙酯，残留溶剂用适量 80％乙醇溶解，经 Al_2O_3 柱色谱（中性 Al_2O_3 100～200 目，装柱 15cm，柱径 2cm，干法装柱）净化，80％乙醇洗脱（约 100mL）洗脱液回收至干，加 1mL 水及 5mL 乙醇，加热溶解（需要过滤时趁热过滤）。放置，析晶，鉴识。

四、注意事项

1. 缓冲液的配制和碱液的配制要准确，严格注意检查。
2. 分离萃取时一定注意乳化层的分出，不要混入，并且每步最好用新鲜 $CHCl_3$。
3. 每步萃取时，利用纸色谱检查跟踪萃取效果，如未达到预想效果应及时纠正。

五、思考题

1. pH 梯度萃取的原理是什么？适用于哪些中草药成分的分离？
2. 根据 TLC 结果，分析各蒽醌类成分的结构与 R_f 值的关系。
3. 本实验中，在水与亲脂性有机溶剂萃取前，为什么水液必须浓缩到无醇味？
4. 结晶及重结晶操作的关键步骤是什么？
5. 试说明各显色反应的机制。

实验四　黄酮类——芦丁的提取、分离与鉴定

芦丁（rutin）广泛存在于植物界中，现已发现含芦丁的植物至少在 70 种以上，如烟叶、槐花、荞麦和蒲公英中均含有。尤以槐花米（为植物 Sophora japonica 的未开放的花蕾）和荞麦中含量最高，可作为大量提取芦丁的原料。芦丁是由斛皮素（quercetin）3 位上的羟基与芸香糖（rutinose）[为葡萄糖（glucose）与鼠李糖（rhamnose）组成的双糖] 脱水合成的苷。

芦丁为浅黄色粉末或极细的针状结晶，含有三分子的结晶水，熔点为 174～178℃，无水物为 188～190℃。溶解度：冷水中为 1：10000，热水中为 1：200，冷乙醇为 1：650，热乙醇为 1：60，冷吡啶为 1：12。微溶于丙酮、乙酸乙酯，不溶于苯、乙醚、氯仿、石油醚，溶于碱而呈黄色。

芦丁具有维生素 P 样作用。有助于保持及恢复毛细血管的正常弹性，主要用作防治高血压病的辅助治疗剂，亦可用于防治因缺乏芦丁所致的其他出血症。

一、实验目的

1. 通过芦丁的提取与精制掌握碱-酸法提取黄酮类化合物的原理及操作。
2. 通过芦丁结构的检识，了解苷类结构研究的一般程序和方法。
3. 了解 UV 及 NMR 在黄酮类化合物结构鉴定中的应用。
4. 要得到以下三个化合物：芦丁、槲皮素、芦丁的全乙酰化合物。
5. 能够得根据化学实验及 UV、NMR 数据初步推断出芦丁的结构。并对黄酮类化合物的结构测定有一般性的了解。

二、实验仪器与材料

药材：槐花米。

试剂：乙醇、甲醇、硫酸等。

仪器：旋转蒸发器、回流提取装置、烧杯、漏斗等。

三、实验内容

（一）芦丁的提取与分离

芦丁的提取与分离见下图。

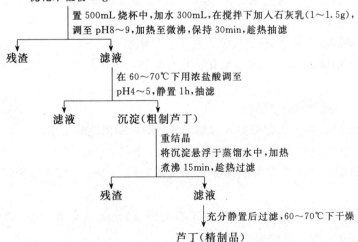

（二）芦丁的鉴定

1. 芦丁的酸水解

称取精制芦丁约 2g，研细，加 H_2SO_4 150mL，投入 500mL 锥形瓶中，放沸石，直火沸腾后，保持 2h，放冷后抽滤，滤液保留作糖分的鉴定，水洗沉淀后，粗品用 95％乙醇大约 20mL 回流溶解，趁热过滤，放置，加水至 50％左右浓度，得黄色针晶。

2. 糖的鉴定

纸色谱鉴定：取水解母液 20mL，于水浴上加热，同时于搅拌下加 $BaCO_3$ 细粉中和至中性，滤 $BaCO_3$ 后，滤液在水浴上浓缩至 2～3mL，得样品液，以葡萄糖和鼠李糖标准品作对照。

展开剂：正丁醇-醋酸-水（BAW）（4∶1∶5）上层，上行展开。

显色剂：苯胺-邻苯甲酸试液，喷后 105℃烘 10min。显棕红色斑点。

3. 芦丁和槲皮素的薄层色谱鉴定

吸附剂：硅胶 G（10～400）以 0.4％CMC-Na 水溶液制板，105℃活化 1h。

展开剂：① $CHCl_3$-MeOH-HCOOH（15∶5∶1）

② $CHCl_3$-丁酮-HCOOH（5∶3∶1）

显色剂：1％$FeCl_3$ 和 1％$K_3[Fe(CN)_6]$ 水溶液，应用时等体积混合。

4. 槲皮素五乙酰化物的制备

称取精制的槲皮素 0.2g，置 25mL 干燥的锥形瓶中，加 6mL 乙酸酐和 1 滴浓 H_2SO_4，振摇使完全溶解，接上空气冷管，于水浴上加热 30min 放冷，搅拌下倾入 100mL 冰水中，搅至稀油滴消失，得灰白色的粉末沉淀，放置抽滤，洗涤，用 95％乙醇将沉淀重结晶，得无色针晶，为五乙酰化槲皮素，mp.192～194℃。

5. 光谱鉴定

（1）紫外光谱　利用紫外吸收光谱，测定黄酮化合物在加入各种电解质或络合剂后吸收峰的位移，根据位移的情况，以判断化合物羟基的位置。

（2）试剂配制

① 无水甲醇：用分析纯的甲醇，加入 10％CaO，放置 24h 后，加热回流 1h，回流时冷凝管顶端应安装 $CaCl_2$ 干燥管，然后蒸馏得无水甲醇。

② 甲醇钠溶液：取金属钠 0.25g，切碎，小心加入无水甲醇 10mL 中，此溶液储存于玻璃瓶中，用橡皮塞密封。

③ 氢氧化钠溶液：取 2.0g NaOH，加 10mL 水溶解。

④ 三氯化铝溶液：2.5g 无水三氯化铝小心地加入无水甲醇 550mL 中，放置 24h 后全溶即得。

⑤ 醋酸钠：用无水粉状醋酸钠。

⑥ 硼酸饱和液：将无水硼酸加入适量无水甲醇，制成饱和溶液。

依照上述方法制备的各储备液，可存放使用 6 个月。

（3）测定方法　精密称取黄酮样品（槲皮素）约 1.2mg，用无水甲醇溶解，再稀释至 100mL。

① 黄酮光谱：取样品溶液约 3mL 置于石英杯（1cm）中，在 200～500nm 波段内进行扫描，重测一次，视光谱的重现性。

② 氢氧化钠光谱：取样品溶液约 3mL 置于石英杯中，加入氢氧化钠 2～3 滴后，立即进行测定。放置 5min 后，再测定一次。

③ 甲醇钠光谱：取样品溶液约 3mL 置于石英杯中，加入甲醇钠溶液 5～7 滴后，立即进行测定。放置 5min 后，再测定一次。

④ 三氯化铝光谱：在盛有约 3mL 样品溶液的石英杯中，加入 $AlCl_3$ 溶液 6 滴，放置 1min 后进行测定。测定后，加入 3 滴盐酸溶液（浓盐酸：水＝1：1），再测定一次。

⑤ 醋酸钠光谱：取样品溶液约 3mL 置于石英杯中，加入适量的无水醋酸钠固体，杯底剩余约有 2mm 的醋酸钠时，2min 内进行测定。

四、思考题

1. 苷类结构的检识基本程序如何？
2. 苷元的结构是怎样确定的？怎样确定苷键的构型？
3. 怎样确定芦丁结构中糖基是连接在槲皮素 3-O-上？
4. 怎样证明芦丁分子中只含有一个葡萄糖基一个鼠李糖基？
5. 芦丁的全乙酰化物的制备与苷元乙酰化物（槲皮素）的制备有何不同？为什么？

实验五 皂苷类——秦皮中七叶苷、七叶内酯的提取、分离与鉴定

秦皮为本樨科白蜡树属植物白蜡树（*Fraxinus Chinensis* Poxb）或苦沥白蜡树（*F. rhynchophylla* Hance）或小叶白蜡树（*F. bungeana* DC）的树皮，味苦，性微寒。具有清热、燥湿、收涩作用。主治温热痢疾、目赤肿瘤等症。秦皮中含有多种内酯类成分及皂苷、鞣质等，其中主要有七叶苷、七叶内酯、秦皮苷及秦皮素等。多有抗菌消炎的生理活性，七叶内酯对细菌性痢疾、急性肠炎有较好治疗效果，兼有退热作用，毒副作用小，几无苦味。适于小儿服用。

秦皮中主要成分的结构及性质如下。

1. 七叶苷（Esculin），又叫马栗树皮苷：白色粉末状结晶，mp. 205～206℃。易溶于热水（1∶15），可溶于乙醇（1∶24），微溶于冷水（1∶610），难溶于乙酸乙酯，不溶于乙醚、氯仿。在稀酸中可水解。水溶液中有蓝色荧光。

2. 七叶内酯（Esculetin）：黄色针状结晶，mp. 276℃。易溶于沸乙醇及氢氧化钠溶液，可溶于乙酸乙酯，稍溶于沸水，几不溶于乙醚、氯仿。

3. 秦皮苷（Fraxin）：mp. 205℃。

4. 秦皮素（Fraxetin）：mp. 227～228℃。

一、实验目的

1. 掌握七叶苷、七叶内酯的提取分离方法。
2. 掌握七叶苷、七叶内酯的性质及鉴定。

二、实验仪器与试剂

药材：秦皮。

试剂：乙醇，乙酸乙酯，甲醇，甲酸乙酯等。

实验用仪器：旋转蒸发器，索氏提取器，烧杯，漏斗等。

三、实验内容

七叶苷、七叶内酯均能溶于沸乙醇，可用沸乙醇将二者提取出来，再利用二者在乙酸乙酯中的溶解性不同而分离。

1. 提取

取秦皮粗粉 150g 于索氏提取器中，加 400mL 乙醇回流 10～12h，得乙醇提取液，减压回收溶剂至浸膏状，即得总提取物。

2. 分离

在上述浸膏中加 40mL 水加热溶之。移于分液漏斗中，以等体积氯仿萃取二次，将氯仿萃取过的水层蒸去残留氯仿后加等体积乙酸乙酯萃取二次，合并乙酸乙酯液，以无水硫酸钠脱水，减压回收溶剂至干，残留物溶于温热甲醇中，浓缩至适量，放置析晶，即有黄色针状结晶析出。滤出结晶。用甲醇、水反复重结晶，即得七叶内酯。

将乙酸乙酯萃取过的水层浓缩至适量，放置析晶，即有微黄色晶体析出。滤出结晶。以甲醇、水反复重结晶，即得七叶苷。

3. 鉴定

（1）化学检识　取七叶苷、七叶内酯各少许分别置试管中，加乙醇 1mL 溶解。加 1% $FeCl_3$ 溶液 2～3 滴，显暗绿色，再滴加浓氨水 3 滴，加水 6mL，日光下观察显深红色。

（2）薄层鉴定

吸附剂：硅胶 G

样品：七叶苷、七叶内酯标准品及自制七叶苷、七叶内酯的醇溶液。

展开剂：甲醇-甲酸乙酯-甲苯（1:4:5）。

显色：①UV_{254} 灯下观察，七叶苷为灰色荧光，七叶内酯为灰褐色。

②以重氮化对硝基苯胺喷雾显色，七叶苷和七叶内酯均呈玛瑙色。

结果：七叶苷 $R_f=0.04$，七叶内酯 $R_f=0.28$。

四、思考题

1. 皂苷及苷元可用哪些方法进行鉴定？
2. 从秦皮中提取七叶苷、七叶内酯的提取分离原理是什么？

实验六　挥发油类——薄荷挥发油的提取、分离与鉴定

薄荷（*Mentha haplocalyx* Briq.）唇形科植物薄荷的茎叶。薄荷在临床广泛应用于风热感冒、温病初起、风热上攻所致的头痛、目赤、咽喉肿痛等症。英国萨尔福特大学的研究人员最新发现一种传统中国草药——薄荷能够阻止癌症病变处的血管生长，摧毁癌细胞。薄荷有效成分主要是薄荷挥发油、薄荷脑（薄荷醇）等，常用于芳香药、训味品及驱风药，并广泛用于日用化工和食品工业。水蒸气蒸馏技术常用于和水长时间共沸不反应、不溶或微溶解于水，且具有一定挥发性的有机化合物的分离和提纯。目前，水蒸气蒸馏常用于从植物叶茎中提取香精油以及从中草药中提取挥发油和天然药物。

一、实验目的
1. 掌握水蒸气蒸馏法提取挥发油的原理及操作。
2. 掌握从薄荷中提取薄荷油的提取分离方法。
3. 掌握薄荷挥发油的性质及鉴定方法。

二、实验仪器与材料
药材：新鲜薄荷。

试剂：蒸馏水，石油醚（30～60℃沸程），乙醇等。

仪器：蒸馏烧瓶，冷凝管，电热套，温度计，锥形瓶，尾接管，T形管，折光仪，沸石。

三、实验内容
薄荷挥发油与水不互溶，当受热后，二者蒸气压的总和与大气压相等时。混合液即开始沸腾，继续加热则挥发油可随水蒸气蒸馏出来，冷却静置，即可分离。

1. 提取

在水蒸气发生瓶中，加入约占容器3/4的水，待检查整个装置不漏气后，旋开T形管的螺旋夹，加热至沸。当有大量水蒸气产生并从T形管的支管冲出时，立即旋紧螺旋夹，水蒸气便进入蒸馏部分，开始蒸馏。当流出液无明显油珠，澄清透明时，便可停止蒸馏。

2. 分离

用石油醚（30～60℃沸程）分多次萃取，得粗产品，经 $CaCl_2$ 干燥后，控制温度蒸馏得薄荷油。

3. 鉴定

按折射仪检测蒸馏得薄荷油的折射度，测得 n 值（理论值 1.458～1.471）。

四、思考题
1. 水蒸气蒸馏具有哪些特点？
2. 水蒸气蒸馏法提取挥发油的原理是什么？

实验七 天然药物成分鉴别法

一、生物碱的鉴别

1. 检品溶液的制备

取粉碎的植物样品约 2g，加蒸馏水 20～30mL，并滴加数滴盐酸，使呈酸性。在 60℃水浴上加热 15min，过滤，滤液供以下试验。

2. 生物碱类成分的鉴别

生物碱类成分（除有少数例外）均与多种生物碱沉淀试剂在酸性溶液（水液或稀醇液）中产生沉淀反应。操作如下。

① 取上备酸水浸液四份（每份 1mL 左右即可），分别滴加碘-碘化钾、碘化汞钾试剂、碘化铋钾试剂、硅钨酸试剂。若四者均有或大多有沉淀反应，表明该样品可能含有生物碱，再进行下项试验，进一步识别。

② 取上备其余酸水浸液，加 Na_2CO_3 溶液呈碱性，置分液漏斗中，加入乙醚约 10mL 振摇，静置后分出醚层，再用乙醚 3mL，如前萃取，合并醚液。将乙醚液置分液漏斗中，加酸水液 10mL 振摇，静置分层，分出酸水液，再以酸水液 5mL 如前提取，合并酸水液，如此酸提液四份，分别做以下沉淀反应。

　　a. 碘化汞钾试剂（Mayer 试剂）：酸水提液滴加碘化汞钾试剂，产生白色沉淀。

　　b. 碘化铋钾试剂（Dragendorff 试剂）：酸水提液滴加碘化铋钾试剂，产生橘红色或红棕色沉淀。

　　c. 碘-碘化钾试剂（Wagner 试剂）：酸水提液滴加碘-碘化钾试剂，产生棕色沉淀。

　　d. 硅钨酸试剂：酸水提取液滴加硅钨酸试剂产生淡黄色或灰白色沉淀。

此酸水提液与以上四种试剂均（或大多）产生沉淀反应，即预示本样品含有生物碱。

③ 备注：以上①、②沉淀反应结果，沉淀的多少以"＋＋＋"，"＋＋"，"＋"表示，无沉淀产生则以"－"表示。若①项试验全呈负反应，可另选几种生物碱沉淀试剂（可参考有关资料）进行试验，若仍为负反应，则可否定样品中有生物碱的存在，不必再进行②项试验。

二、苷类的鉴别

（一）苷的一般鉴别反应

1. 检品溶液的制备

中草药水浸液：取中草药碎块或粉末 2g，加蒸馏水约 20mL 70℃水浴，浸渍 10min，过滤，滤液供鉴别用。

中草药醇浸液：取中草药碎块或粉末少许于试管中，加乙醇 10mL，在温水浴上浸渍 10min，过滤，滤液供鉴别用。

2. 鉴别试验

（1）α-萘酚试验（Molish）反应 取醇浸液 1mL，加 10% α-萘酚醇液 1 滴，摇匀，沿管壁缓慢加入浓 H_2SO_4 10 滴，不振摇，观察两液界面间是否出现紫红色环（此反应检识糖、苷类化合物，反应较灵敏。若有微量滤纸纤维或中草药粉末存在于溶液中，都能产生上述反应，故在过滤时应加以注意）。

（2）水解反应　取水浸液 3mL 于试管中，加 10%HCl 1mL 在沸水浴上加热 20min，观察是否有絮状沉淀产生。

（3）碱性酒石酸铜（斐林试剂）试验　取水浸液 2mL，加入新配制的斐林试剂（甲＋乙等量混合）1mL，在沸水浴上加热数分钟，如产生红色的氧化亚铜沉淀，则进行过滤，滤液中加 10%HCl 调成酸性，置水浴上加热 10min。进行水解，如有絮状沉淀则滤去。然后用 10%NaOH 中和，再加入斐林试剂 1mL，仍置沸水浴上加热 5min，观察是否有黄色，砖红或棕色沉淀产生。（此反应测试多糖，苷类）从反应结果说明供试中草药中是否含有苷。（此试验法亦可采用同体积同浓度的中草药浸液两份，一份先经酸水解过滤碱化后，另一份再同时进行如上的还原反应，对比生成的氧化亚铜量，两份是否有差异来判断，具体方法见系统预试实验）。

注：中草药对苷的一般鉴别是正反应，还可进一步做个别苷类的鉴定。具体方法如后。

（二）蒽苷的鉴别

1. 检品溶液的制备

取大黄粉末 2g，加乙醇 20mL，在沸水浴上回流浸提 10min，过滤供鉴别用。

2. 鉴别试验

（1）与碱成盐显色反应（Borntrager 反应）　取 1mL 乙醇提取液，加入 1mL 10%NaOH 溶液，如产生红色反应，加入少量 30%过氧化氢液，加热后红色不褪，加酸使呈酸性时，则红色消褪再碱化又出现红色。

注：或取大黄粉末少许，置小试管中，加水 1～2mL，加浓 H_2SO_4 2～3 滴，置水浴中加热 10min，冷却，加乙醚 1～2mL 振摇。用吸管吸取醚液（黄色）于另一洁净试管中，加入 NaOH 试液 1mL 振摇，则醚层应褪为无色，碱层（下层）为红色，示有蒽醌类成分存在，如供试的中草药在以上试验中碱水层仅现黄色，可分出碱水溶液，置试管中，加 30% H_2O_2 溶液 1～2 滴，在沸水浴中加热数分钟，溶液如能转为橙红色，说明中草药中可能有蒽醌类成分存在。

（2）升华试验　取大黄粉末少许，置载玻片上，玻片两端各放短木棍一小段，然后另取一洁净载玻片，放置于小棍上，注意勿触及下面粉末。然后移置在三足架的铁纱网上小心加热（勿使粉末炭化）至玻片上有升华物凝结为止，取下盖片，使升华物面向上，放置于显微镜下观察，可见多数黄色针晶或羽毛状晶体（蒽醌衍生物）。此晶体遇碱液呈红色。

（3）圆形滤纸色谱

样品：大黄醇浸液；

显色：① 于自然光下观察色带。

② 于紫外光下观察荧光环。

③ 氨熏，观察是否出现红色环，再置 UV 下观察荧光环。

④ 喷 0.5%$MgAc_2$ 甲醇液，于 90℃烘 5min，观察是否出现橙红或紫红色环。

（三）黄酮苷的鉴别

1. 检品溶液的制备

取槐花米约 1g 压碎于试管中加乙醇 10～20mL 在水浴上加热 20min。过滤，滤液供以下试验。

2. 鉴别试验

① 取醇浸液 2mL，加浓盐酸 2～3 滴及镁粉少量，放置（或于水浴中微热），产生红色反应。

② 取醇浸液 1mL，滴加 $PbAc_2$ 溶液数滴，产生黄色沉淀。

3. 纸片法

将醇浸液滴于滤纸上，分别进行以下试验。

① 先在紫外灯下观察荧光，然后喷 1% $AlCl_3$ 试剂，再观察荧光是否加强。

② 氨熏后出现黄色，棕黄色荧光斑点。

与氨接触而显黄色，或者原呈黄色，但与氨接触后黄色加深，滤纸片离开氨蒸气数分钟，黄色或加深后的黄色又消褪。

③ 喷以 3% $FeCl_3$ 乙醇溶液，出现绿色、蓝色或棕色斑点。

（四）强心苷的鉴别

1. 检品溶液的制备

取夹竹桃叶碎块粉末 3g，于 100mL 锥形瓶中加 70% 乙醇 40mL，水浴上浸煮 5min，放冷，过滤，滤液（或经处理后，方法参照注 2）供鉴别用。

[注 1]：强心苷的试验都是在较强的碱性条件下进行，如果样品中含有蒽醌，也具有红色反应，妨碍检查，因此在检查前需先检查有无蒽醌类成分，若有则应先将其除去，即将乙醇浸液在水浴上蒸发，残渣加 $CHCl_3$ 热溶后过滤，$CHCl_3$ 液用 1% NaOH 液振摇，去除蒽醌后，$CHCl_3$ 液供鉴别用。

[注 2]：夹竹桃叶或毛地黄叶绿素，常使醇提液带较深的绿色，影响反应的进行。故需将叶绿素除去，具体方法如下。

乙醇浸提液在水浴上挥去大部分乙醇（不让乙醇挥尽），再加水适量，使含醇量约 20%，稍热后即放冷，过滤，滤液即可供试验用，或将滤液在水浴上浓缩至糖浆状，加入 95% 乙醇 10mL 溶解再供试验用。

2. 鉴别试验

（1）三氯化铁冰醋酸反应（Keller-Kiliani 反应） 取醇提液或经处理后的 $CHCl_3$ 或醇液 1mL，水浴上蒸干，残渣溶于冰醋酸 2mL 中，加入 1% $FeCl_3$ 乙醇液 1 滴，混合均匀，倾入干燥小试管中，再沿管壁缓慢加入等体积浓硫酸，静置，二液交界处显棕色（苷元），渐变为浅绿，蓝色，最后上面醋酸层全呈蓝色或蓝绿色（α-去氧糖）。

（2）碱性 3,5-二硝基苯甲酸反应（Kedde 反应） 取 1mL 醇浸提液，加入碱性 3,5-二硝苯甲酸试剂 3～4 滴，产生红色或红紫色反应。

（3）亚硝酰铁氰化钠反应（Legal 反应） 取 1mL 醇浸提液或经处理后的 $CHCl_3$ 或醇液在水浴上蒸干，用 1mL 吡啶溶解残渣，加入 0.3% 亚硝酰铁氰化钠溶液 4～5 滴，混匀，再加入 NaOH 饱和乙醇液 1～2 滴，是否呈现红色（若结果不明显可另取一份供试液如上操作，最后加 NaOH 饱和乙醇液 0.5mL，观察两液交界面有无红色）。

（4）碱性苦味酸（Baljet 反应） 取样品醇液 1mL，加入碱性苦味酸试剂（苦味酸饱和水液与 5% NaOH 水液等量混合）数滴，呈现橙色或橙红色。

（五）皂苷的鉴别

1. 检品溶液的制备

① 取皂角碎块 1g 于大试管（或小烧杯）中，加蒸馏水 15mL，于 30～90℃水浴上浸渍 15min 后过滤，滤液供鉴别用。

② 取薯蓣碎块 0.5g 加上法同样制备得薯蓣水浸液。

③ 取薯蓣碎块 0.5g 于大试管或小锥形瓶中加 95％乙醇 10mL 于水浴上温浸 15min，滤液供鉴别。

2. 鉴别试验

(1) 溶血试验　取滤纸片一小块，于小心处滴加皂角浸液一滴，待干后于同处再滴加一滴，如是反复操作至滴加数滴，干燥后无喷雾血球试液（取牛血、羊血或兔血一份，用玻棒或棉签搅和，除去凝集的血蛋白，加 pH7.4 磷酸盐缓冲液一份稀释即得），数分钟后观察在红色的背底中是否出现无红色的黄色（或透明）斑点（中心处皂解浸液原点）。(本反应亦可在试管中进行，血球试液中草药浸液中的皂苷溶解后，血球液由浑浊变为澄明。此外还可在载玻片上进行，并在显微镜下观察血球破裂溶解前后的状况)。

(2) 泡沫试验　薯蓣浸液、皂角浸液各 2mL，分别置于试管中。用力振摇 1min 后放置，在 10min 内观察两管是否都有持久性泡沫产生？

(3) 乙酸酐浓硫酸试验（Liebermann-Burchard 反应）　皂角浸液 5mL，于蒸发皿中在水浴上蒸干，加入 1mL 乙酸酐使其溶解，滴于干燥比色盘中，从边沿缓缓滴加浓硫酸 1 滴，观察颜色变化。

另取薯蓣浸液 5mL，置于蒸发皿中，在水浴上蒸干，加入 1mL 乙酸酐溶液，并倾入比色盘中，沿（试管）管壁加入几滴浓硫酸，观察界面间是否有紫红色环产生？

(4) 氯仿-浓硫酸试验（Salkowski 反应）　取薯蓣醇浸液 2mL，在水浴上蒸干，有氯仿 1mL 溶解，转入干燥小试管中，沿壁小心加浓硫酸 1mL，氯仿层显红或蓝色，硫酸层有绿色荧光，示含甾体皂苷。

(六) 香豆精苷的鉴别

1. 检品溶液的制备

取秦皮 2g，加入乙醇 20mL，在水浴上回流 10min，趁热过滤，滤液供鉴别用。

2. 鉴别试验

(1) 内酯化合物的开环与闭环反应　取 2mL 乙醇浸出液，加 1～2mL 1％NaOH，于沸水浴中煮沸 3min，冷却后加新配制的重氮化试剂 1～2 滴，显红色。

(2) 肟异羟酯酸铁试验　取香豆素少许，加酒精 1mL 溶解加 6 滴盐酸羟胺的饱和乙醇液混匀后加入 6 滴 KOH 的饱和乙醇液，使其显强碱性再转入试管中加热 10min 左右（有气泡产生），冷却加 5％盐酸使呈弱酸性（pH6 左右），倾入比色盘或蒸发皿中，沿器壁滴 10％$FeCl_3$ 溶液，约半分钟后紫色出现或加深（后消失）。（此反应测试酯、内酯、香豆精及其苷类。但用中草药浸液试验反应结果不太明显）。

(七) 氰苷的鉴别

1. 检品溶液制备

取苦杏仁 4～5 粒，研碎，置 50mL 锥形瓶中加入 3mL 5％硫酸溶液，充分混合，塞好。

2. 鉴别试验

(1) 苦味酸钠试验　取滤纸条先滴加饱和苦味酸液浸润，稍干后，再滴加 10％碳酸钠1~2滴润湿,干后,悬于上述锥形瓶中,在水浴上加热10min,滤纸渐变为橙色或砖红色。

(2) 显色反应　取滤纸条先滴加3~4滴愈创木树脂醇溶液润湿,干后,再滴加1%硫酸铜溶液3~4滴润湿后,悬于同一锥形瓶中,放置,滤纸条渐变为鲜蓝色(放置过久色渐褪)。

(3) 亚铁氰化铁反应(普鲁士蓝反应)　另取苦杏仁一粒研碎,放入试管中,加水1~2滴润湿(切勿过量),立即用已被10%NaOH试剂1滴湿润的滤纸条悬于管口置50℃水浴上约10min,将滤纸取出,于滤纸上加10%$FeSO_4$液1滴,加10%HCl 1~2滴及1%$FeCl_3$试液1滴即显蓝色。

三、挥发油的鉴别

(1) 外观性状　取各种挥发油(松节油、薄荷油、丁香油、陈皮油及桂皮油)观察其色泽,是否有特殊香气,及辛辣烧灼味感。

(2) 挥发性　取滤纸屑一小块,滴加薄荷油一滴,放置2h或微热后观察滤纸上有无清晰的油迹(与菜油作对照实验)。

(3) pH检查(检游离酸或酚类)　取样品一滴加乙醇5滴,以预先用蒸馏水湿润的广泛pH试纸进行检查,如显酸性,示有游离的酸或酚类化合物,剩下的样品乙醇液供下面(6)(7)试验用。

(4) $FeCl_3$反应(检酚类)　取样品一滴,溶于1mL乙醇中,加入1%得$FeCl_3$醇液1~2滴,如显蓝紫色或绿色,示有酚类。

(5) 苯肼试验(检酮、醛类)　取2,4-二硝苯肼试液0.5~1mL,加1滴样品的无醛醇溶液,用力振摇,如有酮醛化合物,应析出黄-橙红色沉淀,如无反应,可放置15min后再观察之。

(6) 荧光素试验法　将样品乙醇液滴在滤纸上,喷洒0.05%荧光素水溶液,然后趁湿将纸片暴露在5%Br_2/CCl_4蒸气中,含有双键的萜类(如挥发油)呈黄色;背景很快转变为浅红色。

(7) 香荚醛——浓硫酸试验　取挥发油乙醇液一滴于滤纸上,滴以新配制的0.5%香荚醛的浓硫酸乙酸液,呈黄色、棕色、红色或蓝色反应。

四、鞣质类化合物的鉴别

1. 检品溶液的制备

取五倍子(含可水解鞣质)、儿茶(含缩合鞣质)、没食子酸(鞣质水解产生伪鞣质)少量(约0.1g)分别置大试管中,加蒸馏水约10mL,加热煮沸,过滤,滤液做以下试验。

2. 鞣质的一般反应(鞣质与伪鞣质的区别鉴定)

(1) 感观试验　取制备的鞣质和伪鞣质溶液,尝其味,并以石蕊试纸检查溶液是否呈酸性反应。

(2) 三氯化铁反应　取制备的鞣质溶液(五倍子溶液或儿茶溶液)及伪鞣质溶液(没食子酸溶液)各1~2mL,分别加入三氯化铁试液,鞣质产生绿色或蓝黑色反应或沉淀;伪鞣质产生蓝色反应。

(3) 沉淀蛋白反应　取鞣质溶液及伪鞣质溶液各1~2mL,分别加入明胶溶液数滴,鞣质立刻产生沉淀反应。

(4) 生物碱反应　取鞣质溶液及伪鞣质溶液各 1～2mL，分别滴加 0.1％咖啡碱水溶液，鞣质液产生沉淀反应，伪鞣质不产生沉淀反应。

3. 可水解鞣质和缩合鞣质的区别鉴定

(1) 鞣红反应　取五倍子浸液（含可水解鞣质），儿茶浸液（含缩合鞣质）各 2mL，分别加盐酸 0.5mL，加热煮沸 30min 左右放冷。可水解鞣质不发生沉淀，缩合鞣质有红色沉淀产生。

(2) 三氯化铁反应　取五倍子浸液及儿茶浸液各 1～2mL，分别加入三氯化铁试液数滴，可水解鞣质显蓝色或黑蓝色反应，缩合鞣质显黑绿色反应。

(3) 溴水反应　取五倍子浸液用儿茶浸液各 1～2mL，分别加入溴水数滴，可水解鞣质不产生沉淀反应，缩合鞣质产生沉淀。

(4) 石灰水反应　取五倍子浸液及儿茶浸液各 1～2mL，分别加入新制石灰水数滴，可水解鞣质显青灰色沉淀，缩合鞣质显棕色沉淀。

(5) 醋酸溶液中与醋酸铅反应　取五倍子浸液及儿茶浸液各 1～2mL，分别加醋酸液数滴，摇匀后再分别滴加醋酸铅溶液数滴，可水解鞣质产生絮状沉淀，缩合鞣质无沉淀产生。

附录 中草药化学成分检出试剂配制法

一、生物碱沉淀试剂

1. 碘化铋钾（Dragendorff）试剂

取次硝酸铋 3g 溶于 30% 硝酸（相对密度 1.18）17mL 中，在搅拌下慢慢加碘化钾浓水溶液（27g 碘化钾溶于 20mL 水），静置一夜，取上层清液，加蒸馏水稀释至 100mL。

改良的碘化铋钾试剂如下。

甲液：0.85g 次硝酸铋溶于 10mL 冰醋酸，加水 40mL。

乙液：8g 碘化钾溶于 20mL 水中。

溶液甲和溶液乙等量混合，于棕色瓶中可以保存较长时间，可作沉淀试剂用，如作层析显色剂用，则取上述混合液 1mL 与醋酸 2mL，混合即得。

目前市场上碘化铋钾试剂可直接供配制：7.3g 碘化铋钾，冰醋酸 10mL，加蒸馏水 60mL。

2. 碘化汞钾（Mayer）试剂

氯化汞 1.36g 和碘化钾 5g 各溶于 20mL 水中，混合后加水稀释至 100mL。

3. 碘-碘化钾（Wagner）试剂

1g 碘化钾液于 50mL，加热，加 2mL 醋酸，再用水稀释至 100mL。

4. 硅钨酸试剂

5g 硅钨酸溶于 100mL 水中，加盐酸少量至 pH 2 左右。

5. 苦味酸试剂

1g 苦味酸溶于 100mL 水中。

6. 鞣酸试剂

鞣酸 1g 加乙醇 1mL 溶解后再加水至 10mL。

7. 碱酸铈-硫酸试剂

0.1g 硫酸铈混悬于 4mL 水中，加入 1g 三氯醋酸，加热至沸，逐滴加入浓硫酸至澄清。

二、苷类检出试剂

（一）糖的检出试剂

1. 碱性酒石酸铜（Fehiling）试剂

分甲液与乙液，应用时取等量混合。

甲液：结晶硫酸铜 6.23g，加水至 100mL。

乙液：酒石酸钾钠 34.6g，及氢氧化钠 10g，加水至 100mL。

2. a-萘酚（Molisch）试剂

甲液：a-萘酚 1g，加 75% 乙醇至 10mL。

乙液：浓硫酸。

3. 氨性硝酸银试剂

硝酸银 1g，加水 20mL 溶解，注意滴加适量的氨水，随加随搅拌，至开始产生的沉淀将近全溶为止，过滤。

4. α-去氧糖显色试剂

(1) 三氯化铁冰醋酸（Keller-Kiliani）试剂

甲液：1％三氯化铁溶液 0.5mL，加冰醋酸至 100mL。

乙液：浓硫酸。

(2) 占吨氢醇冰醋酸（Xanthydrol）试剂

10mg 占吨氢醇溶于 100mL 冰醋酸（含 1％的盐酸）中。

(二) 酚类

1. 三氯化铁试剂

5％三氯化铁的水溶液或醇溶液。

2. 三氯化铁-铁氰化钾试剂

甲液：2％三氯化铁水溶液。

乙液：1％铁氰化钾水溶液。

应用时甲液、乙液等体积混合或分别滴加。

3. 4-氨基氨替比林-氨氰化钾（Emerscn）试剂

甲液：2％ 4-氨基氨替比林乙醇液。

乙液：3％铁氰化钾水溶液（或用 0.9％ 4-氨基安替比林和 5.4％铁氰化钾水溶液）。

4. 重氮化试剂

本试剂系由对硝基苯胺和亚硝酸钠在强酸下经重氮化作用而成，由于重氮盐不稳定很易分解，所本试剂应临用时配制。

甲液：对硝基苯胺 0.35g，溶于浓盐酸 5mL，加水至 50mL。

乙液：亚硝酸钠 5g，加水至 50mL。

应用时取甲液、乙液等量在冰水浴中混合后，方可使用。

5. Gibb 试剂

甲液：0.5％ 2,6-二氯苯醌-4 氯亚胺的乙醇溶液。

乙液：硼酸-氯化钾-氢氧化钾缓冲液（pH9.4）。

［注］试剂配制法中：①水是指蒸馏水；②不指出溶剂的即为水溶液；③醇指 95％的乙醇；④试剂配制后应澄清，如不澄清可过滤。

(三) 内酯、香豆素类

1. 异羟肟酸铁试剂

甲液：新鲜配制的 1mol/L 羟胺盐酸盐（$M=69.5$）的甲醇液。

乙液：1.1mol/L 氢氧化钾（$M=56.1$）的甲醇液。

丙液：三氯化铁溶于 1％盐酸中的浓度为 1％的溶液。

应用时甲液、乙液、丙液三液体按次序滴加，或甲液、乙液两液混合滴加后再加丙液。

2. 4-氨基安替比林-铁氰化钾试剂

见二-（二）-3。

3. 重氮化试剂

见二-（二）-4。

进行 2、3 试验时样品应先加 3％碳酸钠溶液加热处理，再分别滴加试剂。

4. 开环-闭环试剂

甲液：1％氢氧化钠溶液。

乙液：2％盐酸溶液。

（四）黄酮类

1. 盐酸镁粉试剂

浓盐酸和镁粉。

2. 三氯化铝试剂

2％三氯化铝甲醇溶液。

3. 醋酸镁试剂

1％醋酸镁甲醇溶液。

4. 碱式醋酸铅试剂

饱和碱式醋酸铅（或饱和醋酸铅）水溶液。

5. 氢氧化钾试剂

10％氢氧化钾水溶液。

6. 氧氯化锆试剂

10％氧氯化锆甲醇溶液。

7. 锆-枸橼酸试剂

甲液：2％氧氯化锆甲醇液。

乙液：2％枸橼酸甲醇液。

（五）蒽醌类

1. 氢氧化钾试剂

10％氢氧化钾水溶液。

2. 醋酸镁试剂

0.5g 醋酸镁溶于 100mL 甲醇溶液。

3. 1％硼酸试剂

1％硼酸水溶液。

4. 浓硫酸试剂

浓硫酸。

5. 碱式醋酸铅试剂

见二-（四）-4。

（六）强心苷类

1. 3,5-二硝基苯甲酸（Kedde）试剂

甲液：2％3,5-二硝基苯甲酸甲醇液。

乙液：1mol/L 氢氧化钾甲醇溶液。

应用前甲液、乙液两液等量混合。

2. 碱性苦味酸（Baljet）试剂

甲液：1％苦味酸水溶液。

乙液：10％氢氧化钠溶液。

3. 亚硝基铁氰化钠-氢氧化钠的（Legal）试剂

甲液：吡啶。

乙液：0.5％亚硝基铁氰化钠溶液。

丙液：10％氢氧化钠溶液。

（七）皂苷类

1. 溶血试验

2％血球生理盐水混悬液：新鲜兔血（由心脏或耳静脉取血），适量，用洁净小毛刷迅速搅拌，除去纤维蛋白并用生理盐水反复离心洗涤至上清液无色后，量取沉降红细胞用生理盐水配成2％混悬液，贮冰箱内备用（储存期2～3天）。

2. 乙酸酐-浓碱酸（Liebermann）试剂

甲液：乙酸酐。

乙液：硫酸。

3. 浓硫酸试剂

浓硫酸。

（八）含氰苷类

1. 苦味酸钠试剂

适当大小的滤纸条，浸入苦味酸饱和水溶液；浸透后取出晾干，再浸入10％碳酸钠水溶液内，迅速取出晾干即得。

2. 亚铁氰化铁（普鲁士蓝）试剂

甲液：10％氢氧化钠液。

乙液：10％硫酸亚铁水溶液，用前配制。

丙液：10％盐酸。

丁液：5％三氯化铁液。

三、萜类、甾体类检出试剂

1. 香草醛-浓硫酸试剂

5％香草醛浓硫酸液［或0.5g香草醛溶于100mL硫酸-乙醇（4∶1）中］。

2. 三氯化锑（Carr-Price）试剂

25g三氯化锑溶于15g氯仿中（亦可用氯仿或四氯化碳的饱和溶液）。

3. 五氯化锑试剂

五氯化锑-氯仿（或四氯化碳）1∶4，用前新鲜配制。

4. 乙酸酐-浓硫酸试剂

见二-（七）-2。

5. 氯仿-浓硫酸试剂

甲液：氯仿（溶解样品）。

乙液：浓硫酸。

6. 间二硝基苯试剂

甲液：2％间二硝基苯乙醇液。

乙液：14％氢氧化钾甲醇液。

用前甲液、乙液两液等量混合。

7. 三氯醋酸试剂

3.3g 三氯醋酸溶于 10mL 氯仿，加入 1～2 滴过氧化氢。

四、鞣质类检出试剂

1. 三氯化铁试剂

配制方法：同前。

2. 三氯化铁-铁氰化钾试剂

配制方法：同前。

3. 4-氨基安替比林-铁氰化钾试剂

配制方法：同前。

4. 明胶试剂

10g 氯化钠，1g 明胶，加水至 100mL。

5. 醋酸铅试剂

饱和醋酸铅溶液。

6. 对甲基苯磺酸试剂

20% 对甲基苯磺酸氯仿溶液。

7. 铁铵明矾试剂

硫酸铁铵结晶 $[FeNH_4(SO_4)_{12}H_2O]$ 1g，加水至 100mL。

五、氨基酸、多肽、蛋白质检出试剂

1. 双缩脲 (Biuret) 试剂

甲液：1% 硫酸铜溶液。

乙液：40% 氢氧化钠液。

应用前等量混合。

2. 茚三酮试剂

0.3g 茚三酮溶于正丁醇 100mL 中，加醋酸 3mL（或 0.2g 茚三酮溶于 100mL 乙醇或丙酮中）。

3. 鞣酸试剂

配制方法：同前。

六、有机酸检出试剂

1. 溴麝香草酚蓝试剂

0.1% 溴麝香草酚蓝（或溴酚蓝、溴甲酚绿）乙醇液。

2. 吖啶试剂

0.005% 吖啶乙醇液。

3. 芳香胺-还原糖试剂

苯胺 5g，木糖 5g 溶于 100mL 50% 乙醇溶液中。

七、其他检出试剂

1. 重铬酸钾-硫酸

5g 重铬酸钾溶于 100mL 40% 硫酸。

2. 荧光素-溴

甲液：0.1%荧光素乙醇液

乙液：5%溴的四氯化碳溶液。

甲液喷、乙液熏。

3. 碘蒸气

略。

4. 硫酸液

5%硫酸乙醇液，或15%浓硫酸正丁醇液。或浓硫酸-醋酸（1∶1）。

5. 磷钼酸、硅钨酸或钨酸试剂

3%～10%磷钼酸或钨酸乙醇液。

6. 碱性高锰酸钾试剂

甲液：1%高锰酸钾液。

乙液：5%碳酸钠液，用时等体积混合。

7. 2,4-二硝基苯肼试剂

取2,4-二硝基苯肼配成0.2% 2mol/L盐酸溶液或0.12%盐酸乙醇液。

参 考 文 献

[1] 陈德昌．中药化学对照品工作手册．北京：中国医药科技出版社，2000．
[2] 杨云等．天然药物化学成分提取分离手册．北京：中国中医药出版社，2003．
[3] 国家药典委员会．中华人民共和国药典．北京：中国医药科技出版社，2010．
[4] 彭成，郭力．中药化学实验．北京：科学出版社，2008．
[5] 阿有梅，汤宁．药学实验与指导．郑州：郑州大学出版社，2007．
[6] 宋航．制药工程专业实验．北京：化学工业出版社，2003．

第三章 药物分析实验

药物分析实验是药物分析课程的重要实践环节。鉴于药物分析教学紧密围绕《中华人民共和国药典》（简称《中国药典》）的分析方法而展开，本部分实验内容主要参考和引用《中国药典》和《药典注释》。一方面，《中国药典》的方法已是国家食品药品监督管理药品质量的法定技术标准，另一方面，作为教学辅助材料应尽量保持形式简洁，故而简略了各实验内容的详细出处。

实验一 葡萄糖杂质检查（一般杂质检查）

一、目的要求
1. 通过葡萄糖分析了解药物的一般杂质检查项目和意义。
2. 掌握葡萄糖分析中氯化物、硫酸盐、铁盐、重金属及砷盐限度检查的原理和方法。

二、实验操作

1. 比旋度

取本品约 10g，精密称定，置 100mL 容量瓶中，加水适量与氨试液 0.2mL，溶解后，用水稀释至刻度，摇匀，放置 10min，在 25℃时，测定，比旋度为 +52.5°～+53.0°。

2. 鉴别

① 取本品约 0.2g，加水 5mL 溶解后，缓缓滴入温热的碱性酒石酸铜溶液中，即生成氧化亚铜的红色沉淀。

② 本品的红外光吸收图谱应与对照的图谱（光谱集 464 图）一致。

3. 检查

(1) 酸度　取本品 2.0g，加水 20mL 溶解后，加酚酞指示液 3 滴与氢氧化钠滴定液（0.02mol/L）0.20mL，应显粉红色。

(2) 溶液的澄清度与颜色　取本品 5g，加热水溶解后，放冷，用水稀释至 10mL，溶液应澄清无色；如显浑浊，与 1 号浊度标准液（取浊度标准原液 5.0mL，加水 95.0mL 配制）比较，不得更浓；如显色，与对照液（取比色用氯化钴液 3mL、比色用重铬酸钾液 3mL 与比色用硫酸铜液 6mL，加水稀释成 50mL）1.0mL 加水稀释至 10mL 比较，不得更深。

(3) 乙醇溶液的澄清度与颜色　取本品 1.0g，加 90%乙醇 30mL，置水浴上加热回流约 10min，溶液应澄清。

(4) 氯化物　取本品 0.6g，加水溶解使成 25mL（溶液如显碱性，可滴加硝酸使成中性），再加稀硝酸 10mL；溶液如不澄清应滤过；置 50mL 纳氏比色管中，加水使成约 40mL，摇匀，即得供试溶液。另取标准氯化钠溶液（每 1mL 相当于 10μg 的 Cl^-）6.0mL，置 50mL 纳氏比色管中，加稀硝酸 10mL，加水使成 40mL，摇匀，即得对照品溶液；于供试溶液与对照溶液中，分别加入硝酸银试液 1.0mL，用水稀释使成 50mL，摇匀，在暗处放置 5min，同置黑色背景上，从比色管上方向下观察，供试液与对照液比较，不得更浓（0.01%）。

(5) 硫酸盐　取本品 2.0g，加水溶解使成约 40mL（溶液如显碱性，可滴加盐酸使成中性）；溶液如不澄清，应滤过；置 50mL 纳氏比色管中，加稀盐酸 2mL，摇匀，即得供试溶液。另取标准硫酸钾溶液（每 1mL 相当于 100μg 的 SO_4^{2-}）2.0mL，置 50mL 纳氏比色管中，加水使成约 40mL，加稀盐酸 2mL，摇匀，即得对照溶液。于供试溶液与对照溶液中，分别加入 25%氯化钡溶液 5mL，用水稀释至 50mL，充分摇匀，放置 10min，同置黑色背景上，从比色管上方向下观察，供试液与对照液比较，不得更浓（0.01%）。

(6) 亚硫酸盐与可溶性淀粉　取本品 1.0g，加水 10mL 溶解后，加碘试液 1 滴，应即显黄色。

（7）干燥失重　取本品混合均匀（如为较大的结晶，应先迅速捣碎使成2mm以下的小粒），取约1g，置与供试品同样条件下干燥至恒重的扁形称瓶中，精密称定，在105℃干燥至恒重，减失重量不得过9.5%。

（8）炽灼残渣　取本品1.0～2.0g，置已炽灼至恒重的坩埚中，精密称定，缓缓炽灼至完全炭化，放冷至室温，加硫酸0.5～1mL使湿润，低温加热至硫酸蒸气除尽后，在700～800℃炽灼使完全灰化，移置干燥器内，放冷至室温。精密称定后，再在700～800℃炽灼至恒重，所得炽灼残渣不得超过0.1%。

（9）蛋白质　取本品1.0g，加水10mL溶解后，加磺基水杨酸溶液（1→5）3mL，不得发生沉淀。

（10）铁盐　取本品2.0g，加水20mL溶解后，加硝酸3滴，缓缓煮沸5min，放冷，加水稀释使成45mL，加硫氰酸铵溶液（30→100）3mL，摇匀，如显色，与标准铁溶液（每1mL相当于10μg的Fe）2.0mL用同一方法制成的对照液比较，不得更深（0.001%）。

（11）重金属　取25mL纳氏比色管两支，甲管中加标准铅溶液，（每1mL相当于10μg的Pb）一定量与醋酸盐缓冲液（pH3.5）2mL后，加水稀释成25mL；取本品4.0g置乙管中，加水23mL溶解后，加醋酸盐缓冲液（pH3.5）2mL；再在甲乙两管中分别加硫代乙酰胺试液各2mL摇匀，放置2min，同置白纸上，自上向下透视，乙管中显出的颜色与甲管比较，不得更深。含重金属不得过百万分之五。

硫代乙酰胺的制备：临用前取混合液5.0mL，加硫代乙酰胺溶液1.0mL，置水浴上加热20s，冷却，立即使用。

（12）砷盐　取本品2.0g，加水5mL溶解后，加稀硫酸5mL与溴化钾溴试液0.5mL，置水浴上加热约20min，使保持稍过量的溴存在，必要时，再补加溴化钾溴试液适量，并随时补充蒸散的水分，放冷，加盐酸5mL与水适量使成28mL，置试砷瓶中加碘化钾试液5mL与酸性氯化亚锡试液5滴。在室温中放置10min后，加锌粒2.0g，迅速将瓶塞（瓶塞上已放好装有醋酸铅棉花60mg及溴化汞试纸的试砷管）塞紧，保持反应温度在25～40℃（视反应快慢而定，但不应超过40℃）。45min后取出溴化汞试纸，将生成的砷斑与标准砷溶液（每1mL相当于1μg的As）2mL制成的标准砷斑比较，颜色不得更深（0.0001%）。

标准砷斑的制备：精密吸取标准砷溶液2mL，置另一试砷瓶中，加盐酸5mL与水21mL，照上述方法，自"加碘化钾试液5mL……"起依法操作（古蔡氏法），即得标准砷斑。

实验二　异烟肼的分析

一、目的要求

1. 掌握溴化钾滴定法定量测定的原理。
2. 理解薄层色谱法在杂质限量检查中的应用。
3. 体验熔点测定法等药物鉴别方法。

二、基本原理

测定生成物的熔点以鉴别药物，利用了纯物质通常具有确定熔点的性质。该法虽较繁琐但具有较好的专属性，被《中国药典》所采纳。

本实验采用薄层色谱法对异烟肼中游离肼进行限量检查。用硅胶 G 薄层板，以异丙醇-丙酮（3∶2）为展开剂，采用对二甲氨基苯甲醛为显色剂，利用游离肼与对二甲氨基苯甲醛缩合生成鲜黄色腙类化合物（异烟肼此时呈棕橙色）而定位。将供试品溶液与硫酸肼对照溶液分别点于同一硅胶 G 薄层板上，展开后喷显色剂而使游离肼等显色，在供试品主斑点前方与对照品溶液主斑点相应的位置上，不得显黄色斑点（杂质对照品法及灵敏度法）。

酰肼基具有强还原性，在强酸性溶液中，可与溴酸钾定量反应而被氧化，因而可用于异烟肼的含量测定。化学计量点后，稍过量的 BrO_3^- 与反应生成的 Br^- 作用产生 Br_2，使溶液呈浅黄色而自身指示终点，但灵敏度不高。通常加入甲基橙或甲基红为指示剂，终点前指示剂在酸性溶液中呈红色，化学计量点后，微量的 Br_2 氧化破坏指示剂使红色骤然褪去，指示终点。

三、实验操作

1. 鉴别

① 取本品约 0.1g，加水 5mL 溶解后，加 10%香草醛的乙醇溶液 1mL，摇匀，微热，放冷，即析出黄色结晶；滤过，用稀乙醇重结晶，在 105℃ 干燥后，依法测定熔点为 228～231℃，熔融时同时分解。

② 取本品约 10mg，置试管中，加水 2mL 溶解后，加氨制硝酸银试液 1mL，即发生气泡与黑色浑浊，并在试管壁上生成银镜。

③ 本品的红外光吸收图谱应与对照的图谱（光谱集 166 图）一致。

2. 检查

取本品，加水制成每 1mL 中含 50mg 的溶液，作为供试品溶液。另取硫酸肼加水制成每 1mL 中含 0.20mg（相当于游离肼 50μg）的溶液，作为对照溶液。吸取供试品溶液 10μL 与对照溶液 2μL，分别点于同一硅胶 G 薄层板上，以异丙醇-丙酮（3∶2）为展开剂，展开，晾干，喷以乙醇制对二甲氨基苯甲醛试液，15min 后检视。在供试品主斑点前方与对照品溶液主斑点相应的位置上，不得显黄色斑点。

3. 含量测定

取本品约 0.2g，精密称定，置 100mL 容量瓶中，加水使溶解稀释至刻度。摇匀；精密量取 25mL，加水 50mL、盐酸 20mL 与甲基橙指示液 1 滴，用溴酸钾滴定液

(0.01667mol/L)缓缓滴定（温度保持在18～25℃）至粉红色消失。每1mL的溴酸钾滴定液（0.01667mol/L）相当于3.429mg的$C_6H_7N_3O$。《中华人民共和国药典》（2010年版）规定，本品含$C_6H_7N_3O$不少于99.0%。

四、注意事项

甲基橙的褪色反应不可逆，因此滴定过程中应充分搅拌、缓缓滴定，以免溶液中溴酸钾局部过浓而破坏指示剂，使终点提前。

五、思考题

1. 试计算异烟肼中游离肼的限量。
2. 以薄层色谱进行杂质检查，通常有哪些基本方法？各种方法适用于什么情况？
3. 依据异烟肼的结构，试归纳其分析方法特点。

实验三　头孢氨苄胶囊的含量测定

一、目的要求
1. 熟悉胶囊制剂分析的有关操作。
2. 以 β-内酰胺类抗生素为例，学习剩余碘量法测定、标准对照法计算含量的测定方法。

二、基本原理
头孢菌素分子不消耗碘，但其降解产物消耗碘。在头孢氨苄溶液中加氢氧化钠试液可使其水解生成头孢噻唑二钠盐。头孢噻唑二钠盐在酸性条件下可与碘发生反应而消耗碘。在测定中，先定量而过量地加入碘滴定液，先使碘与头孢噻唑二钠反应，再用硫代硫酸钠滴定液测定剩余部分的碘，可算出头孢氨苄的含量。利用头孢氨苄不与碘发生反应而其水解产物才能与碘反应的特性，可用未经水解的供试品作空白试验，以消除供试品中可能存在的水解产物或其他能与碘发生反应的物质对测定的干扰。同时，用头孢氨苄对照品作对照试验，以消除实验条件的不同而引入的误差，并以标准品对照法计算含量。

三、实验操作

1. 装量差异检查
取本品 20 粒，分别精密称定质量后，倾出内容物（不得损失囊壳）；硬胶囊用小刷或其他适宜的用具拭净，再分别精密称定囊壳质量，求出每粒内容物的装量与平均装量。每粒的装量与平均装量相比较，超出装量差异限度的胶囊不得多于 2 粒，并不得有 1 粒超出限度 1 倍。装量差异限度见下表。

装量差异限度表

平均装量	装量差异限度
0.30g 以下	±10%
0.30g 或 0.30g 以上	±7.5%

2. 含量测定
取装量差异项下的内容物，混合均匀，精密称取适量（约相当于头孢氨苄 0.1g），置 100mL 容量瓶中，加水溶解并稀释至刻度，摇匀；精密量取 10mL，置碘瓶中，加 1mol/L 氢氧化钠溶液 5mL，放置 20min 后，加入新配制的醋酸-醋酸钠溶液 20mL，摇匀，放置 15min，再加入 1mol/L 盐酸溶液 5mL，摇匀，精密加入碘滴定液（0.02mol/L）25mL，密塞，在 20~25℃ 避光放置 20min，用硫代硫酸钠滴定液（0.02mol/L）滴定，至近终点时加淀粉指示液，继续滴定至蓝色消失；另精密量取供试品溶液 10mL，置碘瓶中，加入上述新配制的醋酸-醋酸钠溶液 20mL，摇匀，精密加入碘滴定液（0.02mol/L）25mL，密塞，在 20~25℃ 避光放置 20min，用硫代硫酸钠滴定液（0.02mol/L）滴定；两次滴定的差值即相当于供试品所含 $C_{16}H_{17}N_3O_4S$ 消耗的碘滴定液（0.02mol/L）的体积。同时用头孢氨苄对照品按上法同样测定，计算供试品中 $C_{16}H_{17}N_3O_4S$ 的含量。《中华人民共和国药典》规定，本品含 $C_{16}H_{17}N_3O_4S$ 应为标示量的 90.0%~110.0%。

四、思考题

1. 本试验中，空白试验以及对照试验的作用是什么？
2. 在滴定至近终点时才加入淀粉指示液，如何掌握近终点？
3. 在精密加入碘滴定液后须密塞，为何要密塞？如何密塞？
4. 本实验中滴定液浓度的误差将如可影响测定结果？

实验四　牛黄解毒片的鉴别

一、目的要求

1. 掌握中药制剂定性鉴别的一般原理和方法。
2. 掌握牛黄解毒片定性鉴别的有关实验操作。

二、基本原理

显微鉴别法利用显微镜来观察中药制剂中原药材的组织、细胞或内含物等特征，从而鉴别制剂的处方组成。凡以药材粉碎后直接制成制剂或添加有粉末药材的制剂，由于其在制作过程中原药材的显微特征仍保留到制剂中去，因此均可用显微鉴别法进行鉴别。对于用药材浸膏制成的中药制剂，如其原药材的显微特征在制剂中仍有保留，也可用此法进行鉴别。本实验用显微鉴别法鉴别大黄和雄黄。

微量升华法可用于鉴别中药制剂中具有升华性质的化学成分。这类成分在一定温度下能升华而与其他成分分离。升华物在显微镜下观察有一定形状，或在可见光下观察有一定颜色，或在紫外光下观察显出不同颜色荧光，或者加一定试剂处理后显出不同颜色或荧光。本实验采用微量升华法鉴别冰片。

显色反应则利用颜色反应鉴别中药制剂的组成。本实验利用黄酮类成分和蒽醌类成分的显色反应鉴别黄芩和大黄。黄酮类成分在镁粉与盐酸作用下易被还原，迅速生成红色；蒽醌类成分遇碱液显红色，在酸性溶液中被还原则显黄色。

薄层色谱法将中药制剂样品和对照品在同一条件下进行分离分析，观察样品在对照品相同斑点位置处是否有同一颜色（或荧光）的斑点，来确定样品中有无要检出的成分。本实验用薄层色谱法鉴别人工牛黄的组分胆酸和猪去氧胆酸。采用1%硫酸乙醇溶液显色，显色加热后，放冷，在紫外灯（365nm）下检视，胆酸呈黄绿色荧光，猪去氧胆酸呈淡蓝色荧光。

三、实验操作

1. 大黄和雄黄的显微鉴别

取本品1片，研细，取少许置载玻片上，滴加适量水合氯醛试液，透化后加稀甘油1滴，盖上载玻片，用吸水纸吸干周围透出液，置显微镜下观察：草酸钙簇晶大，直径60～140μm（大黄）；不规则碎块金黄色或橙黄色，有光泽（雄黄）。

2. 冰片的微量升华鉴别

取本品1片，研细，进行微量升华，所得白色升华物，加新配制的1%香草醛硫酸溶液1～2滴，液滴边缘渐显玫瑰红色。

3. 牛黄解毒片中黄芩和大黄的显色反应鉴别

取本品6片，研细，加乙醇10mL，温热10min，滤过，取滤液5mL，加少量镁粉与盐酸0.5mL，加热，即显红色（黄芩）；另取滤液4mL，加氢氧化钠溶液，即显红色，再加浓过氧化氢溶液（30%），加热，红色不消失，加酸成酸性时，则红色变为黄色（大黄）。

4. 牛黄的薄层色谱鉴别

取本品2片，研细，加氯仿10mL研磨，滤过，滤液蒸干，加乙醇0.5mL使溶解，作为供试品溶液。另取胆酸对照品，分别加乙醇制成每1mL含2mg的溶液，作为对照品溶液。吸取上述二种溶液各5μL，分别点于同一硅胶G薄层板上，以正己烷-醋酸乙酯-醋酸-甲醇（20∶25∶2∶3）的上层溶液为展开剂，展开，取出，晾干，喷以10％硫酸乙醇溶液，在105℃烘约10min，置紫外灯（365nm）下检视。供试品色谱中，在与对照品色谱相应的位置上，显相同颜色的荧光斑点。

四、注意事项

1. 牛黄解毒片有素片和糖衣片两种，糖衣片应先除去糖衣，然后进行鉴别试验。

2. 薄层色谱鉴别采用10％硫酸乙醇溶液显色，由于硫酸吸水性强，阴雨天操作斑点易扩散，故显色加热后应立即置紫外灯下检视。

五、思考题

1. 中药制剂定性鉴别的方法有哪些？它们各有何特点？

2. 中药制剂一般药味较多，目前逐一鉴别有困难，你认为应选择哪些药味作为主要鉴别对象？

实验五 药品鉴别试验常用方法

一、目的要求
1. 熟悉药品鉴别试验常用方法。
2. 理解药物鉴别试验与药物结构特点及理化性质之间的关系。

二、基本原理
药物鉴别试验是依据药物的分子结构、理化性质，采用化学、物理化学或生物学方法来判断药物的真伪。《中华人民共和国药典》和世界各国药典所收载的药品项下的鉴别试验方法，均为用来证实储藏在有标签容器中的药物是否为其所标示的药物，而不是对未知物进行定性分析。这些方法虽有一定的专属性，但不足以确定其结构，因此不能赖以鉴别未知物。

一般鉴别试验是依据某一类药物的化学结构或理化性质的特征，通过化学反应来鉴别药物的真伪。专属鉴别实验是证实某一种药物的依据，它是依据每一种药物化学结构的差异及其所引起的物理化学特性不同，选用某些特有的灵敏的定性反应来鉴别药物的真伪。

三、实验操作

1. 供试品

① 苯巴比妥片/100mg，② 盐酸普鲁卡因胺片/0.25g，③ 对乙酰氨基酚片/0.5g，④ 重酒石酸去甲肾上腺素注射液/1mL：2mg，⑤ 硫酸阿托品注射液/1mL：10mg，⑥ 地西泮注射液/2mL：10mg，⑦ 盐酸利多卡因注射液/5mL：0.1g，⑧ 异烟肼片/100mg，⑨ 维生素 C 片/100mg，⑩ 盐酸氯丙嗪注射液/1mL：10mg，⑪ 注射用硫酸链霉 0.75g，⑫ 盐酸普鲁卡因注射液/10mL：100mL，⑬ 阿司匹林片/0.5g，⑭ 甲睾酮片/5mg，⑮ 维生素 B_1 片/10mg。

2. 一般鉴别试验

(1) 丙二酰脲类

[鉴别1] 苯巴比妥片（规格：100mg）取本品的细粉适量（约相当于苯巴比妥 0.1g），加无水乙醇 10mL，充分振摇，滤过，滤液置水浴上蒸干。残渣中加入碳酸钠试液 1mL 与水 10mL，振摇 2min，（如浑浊则滤过），逐滴加入硝酸银试液，即生成白色沉淀，振摇，沉淀即溶解；继续滴加过量的硝酸银试液，沉淀不再溶解。

(2) 芳香第一胺类

[鉴别2] 盐酸普鲁卡因胺片（规格：0.25g）取本品的细粉适量（约相当于盐酸普鲁卡因胺 0.1g），加水 5mL 与稀盐酸 0.5mL，振摇使盐酸普鲁卡因胺溶解，滤过，加 0.1mol/L 亚硝酸钠溶液数滴，滴加碱性 β-萘酚试液数滴，生成橙黄或猩红色沉淀。

[鉴别3] 对乙酰氨基酚片（规格：0.5g）取本品的细粉适量（约相当于对乙酰氨基酚 0.5g），用乙醇 20mL 分次研磨使对乙酰氨基酚溶解，滤过，合并滤液，蒸干，加稀盐酸 5mL，置水浴中加热 40min，放冷；取 0.5mL，滴加亚硝酸钠溶液 5 滴，摇匀，用水 3mL 稀释后，加碱性 β-萘酚试液 2mL，振摇，即显红色。

(3) 酚羟基

[鉴别 4] 对乙酰胺基酚片（规格：0.1g）取本品的细粉适量（约相当于对乙酰胺基酚 0.1g），用乙醇 10mL 分次研磨使对乙酰胺基酚溶解，滤过，合并滤液，蒸干；残渣中加水 10mL，振摇；取溶液 5mL，加三氯化铁试液，即显蓝紫色。

　　[鉴别 5] 重酒石酸去甲肾上腺素注射液（规格：1mL：2mg）取本品 1mL，加三氯化铁试液 1 滴，即显翠绿色。

　　（4）托烷生物碱类

　　[鉴别 6] 硫酸阿托品注射液（规格：1mL：10mg）取本品适量（约相当于硫酸阿托品 10mg），置水浴上蒸干，加发烟硝酸 5 滴，置水浴上蒸干，得黄色的残渣，放冷，加乙醇 2～3 滴湿润，加固体氢氧化钾一小粒，即显深紫色。

　　3. 专属鉴别试验
　　（1）沉淀生成反应鉴别法

　　[鉴别 7] 地西泮注射液（规格：2mL：10mg）取本品 2mL，滴加稀碘化铋钾试液，即生成橙红色沉淀。

　　[鉴别 8] 盐酸利多卡因注射液（规格：5mL：0.1g）取本品 0.1g，加水至 10mL，加三硝基苯酚试液 10mL，即生成黄色沉淀。

　　[鉴别 9] 异烟肼片（规格：100mg）取本品的细粉适量（约相当于异烟肼 0.1g），加水 10mL，振摇，滤过；取 1mL，置试管中，加水 1mL 后，加氨制硝酸银试液 1mL，即发生气泡与黑色浑浊，并在试管壁上生成银镜。

　　[鉴别 10] 维生素 C 片（规格：100mg）取本品的细粉适量（约相当于维生素 C 0.2g），加水 10mL，振摇使维生素 C 溶解，滤过；取溶液 5mL，加硝酸银试液 0.5mL，即生成银的黑色沉淀。

　　（2）呈色反应鉴别法

　　[鉴别 11] 盐酸氯丙嗪注射液（规格：1mL：10mg）取本品适量（约相当于盐酸氯丙嗪 10mg），加硝酸 5 滴，即显红色，渐变淡黄色。

　　[鉴别 12] 注射用硫酸链霉素（规格：0.75g）

　　① 取本品约 0.5mg，加水 4mL 溶解后，加氢氧化钠试液 2.5mL 与 0.1% 8-羟基喹啉的乙醇溶液 1mL，放冷至约 15℃，加次溴酸钠试液 3 滴，即显橙红色（坂口反应）。

　　② 取本品约 20mg，加水 5mL 溶解后，加氢氧化钠试液 0.3mL，置水浴上加热 5min，加硫酸铁铵溶液（取硫酸铁铵 0.1g，加 0.5 mol/L 硫酸溶液 5mL 使溶解）0.5mL，即显紫红色（麦芽酚反应）。

　　（3）气体生成反应鉴别法

　　[鉴别 13]（盐酸普鲁卡因注射液/10mL：100mL）取本品约 0.1g，加 10%氢氧化钠溶液 1mL，即生成白色沉淀；加热，变为油状物；继续加热，发生的蒸气能使湿润的红色石蕊试纸变蓝色；加热至油状物消失后，放冷，加盐酸酸化，即析出白色沉淀。

　　[鉴别 14] 阿司匹林片（规格：0.5g）取本品的细粉适量（约相当于阿司匹林 0.5g），加碳酸钠试液 10mL，振摇后，放置 5min，滤过，滤液煮沸 2min，放冷，加过量的稀硫酸，即析出白色沉淀，并发生醋酸的臭气。

　　（4）荧光反应鉴别法

　　[鉴别 15] 甲睾酮片（规格：5mg）取本品的细粉适量（约相当于甲睾酮 10mg），加

乙醇 10mL，搅拌使甲睾酮溶解，滤过，滤液置水浴上蒸干，残渣加硫酸-乙醇（2∶1）1mL 使溶解，即显黄色并带有黄绿色荧光。

［鉴别 16］维生素 B_1 片（规格：10mg）取本品的细粉约 5mg，加水搅拌，滤过，滤液蒸干后，加氢氧化钠试液 2.5mL 溶解后，加铁氰化钾试液 0.5mL 与正丁醇 5mL，强力振摇 2min，放置使分层，上面的醇层显强烈的蓝色荧光；加酸使成酸性，荧光即消失；再加碱使成碱性，荧光又显出。

四、注意事项

取片粉进行鉴别时，加溶剂提取主药，为使被鉴别药物充分溶出，提取时间需 10～15min，然后再按规定方法进行试验。

五、思考题

1. 本实验中各药品的鉴别试验方法是基于药物的哪些结构特点？
2. 试写出鉴别试验的反应原理。

附录　药物分析实验试剂、试液及其配制

一、葡萄糖杂质检查

1. 氨试液

取浓氨溶液 8mL，加水使成 20mL，即得。

2. 碱性酒石酸铜试液

① 取硫酸铜结晶 1.73g，加水使溶解成 25mL。
② 取酒石酸钾钠结晶 8.65g，与氢氧化钠 2.5g，加水使溶解成 25mL。
用时将两液等量混合，即得。

3. 酚酞指示液

取酚酞 0.2g，加乙醇 20mL 使溶解，即得。

4. 氢氧化钠滴定液（0.02mol/L）

0.08→100。

5. 90％乙醇

配制 100mL。

6. 稀硝酸

取硝酸 10.5mL，加水稀释至 100mL，即得。

7. 标准氯化钠溶液（每 1mL 相当于 10μg Cl）

称取氯化钠 0.0165g，置 100mL 容量瓶中，加水适量使溶解并稀释至刻度，摇匀，作为储备液。

临用前，精密量取储备液 10mL，置 100mL 容量瓶中，加水稀释至刻度，摇匀，即得。

8. 硝酸银试液

取硝酸银 0.875g，加水适量使溶解成 50mL。

9. 稀盐酸

取盐酸 4.68mL，加水稀释至 20mL，即得。

10. 标准硫酸钾溶液（每 1mL 相当于 100μg SO_4^{2-}）

称取硫酸钾 0.0181g，置 100mL 容量瓶中，加水适量使溶解并稀释至刻度，摇匀，即得。

11. 25％氯化钡溶液

取氯化钡 5.0g，加水适量使溶解成 20mL。

12. 碘试液

取碘 0.26g，加碘化钾 0.72g 与水 5mL 溶解后，加稀盐酸 1 滴与水适量使成 20mL，摇匀。

13. 磺基水杨酸溶液（1→5）

5mL。

14. 30％硫氰酸铵溶液

取硫氰酸铵 6.0g，加水适量使溶解成 20mL。

15. 标准铁溶液（每 1mL 相当于 10μg Fe）

称取硫酸铁铵［$FeNH_4(SO_4)_2 \cdot 12H_2O$］0.0863g 置 100mL 容量瓶中，加水溶解后，加硫酸 0.25mL，用水稀释至刻度，摇匀，作为储备液。

临用前，精密量取储备液 10mL，置 100mL 容量瓶中，加水稀释至刻度，摇匀，即得。

16. 标准铅溶液（每 1mL 相当于 10μg Pb）

称取硝酸铅 0.0160g，置 100mL 容量瓶中，加硝酸 0.5mL 与水 5mL 溶解后，用水稀释至刻度，摇匀，作为储备液。

临用前，精密量取储备液 10mL，置 100mL 容量瓶中，加水稀释至刻度，摇匀，即得。

17. 醋酸盐缓冲液（pH3.5）

取醋酸钠 0.51g，加冰醋酸 2mL，再加水稀释至 25mL，即得。

18. 硫代乙酰胺试液

取硫代乙酰胺 1g，加水使溶解成 25mL，置冰箱中保存。

混合液：由 1mol/L 氢氧化钠溶液（1→25）7.5mL、水 2.5mL 及甘油 10mL 组成。

临用前取混合液 5.0mL，加上述硫代乙酰胺溶液 1.0mL，置水浴上加热 20s，冷却，立即使用。

二、异烟肼的分析

1. 乙醇制对二甲氨基苯甲醛试液

取对二甲氨基苯甲醛 0.5g，加乙醇 4.5mL 与盐酸 1.2mL 使溶解，再加乙醇至 50mL，即得。

2. 甲基橙指示液

取甲基橙 0.02g，加水 20mL 使溶解，即得。

3. 盐酸

50mL。

4. 稀硫酸（用于溴酸钾滴定液配制）

取硫酸（95%～98%）2.85mL，加水稀释至 50mL，即得。

5. 淀粉指示液（用于溴酸钾滴定液配置）

取可溶性淀粉 0.5g，加水 5mL 摇匀后，缓缓倾入 100mL 沸水中，随加随搅拌，继续煮沸 2min，放冷，倾取上层清液，即得。

6. 碘化钾（用于溴酸钾滴定液配制）

20g。

7. 溴酸钾滴定液（0.01667mol/L，分子量 167.00）

配制：取溴酸钾 0.56g，加水适量使溶解成 200mL，摇匀。

标定：精密量取本液 20mL，置碘瓶中，加碘化钾 2.0g 与稀硫酸 5mL，密塞，摇匀，在暗处放置 5min 后，加水 100mL 稀释，用硫代硫酸钠滴定液（0.1mol/L）滴定至近终点时，加淀粉指示液 2mL，继续滴定至蓝色消失，依据硫代硫酸钠滴定液（0.1mol/L）的消耗量，算出本液的浓度，即得。

注：滴定中的氧化还原反应如下。

$$BrO_3^- + 6H^+ + 6I^- = Br^- + 3H_2O + 3I_2$$

$$3I_2 + 6Na_2S_2O_3 = 6NaI + 3Na_2S_4O_6$$

1mol 溴酸钾相当于 6mol 硫代硫酸钠。

$$（m_{溴酸钾} \times V_{溴酸钾}） = （m_{硫代硫酸钠} \times V_{硫代硫酸钠}）/6$$

式中　m——浓度；

　　　V——体积。

三、头孢氨苄胶囊的含量测定

1. 1mol/L 氢氧化钠溶液（分子量 40）

配制 100mL。

2. 醋酸-醋酸钠溶液

取醋酸 5.44g 与冰醋酸 2.48mL，加水溶解成 100mL。

配制 200mL。

3. 1mol/L 盐酸溶液

（分子量 36.5，密度 1.19g/mL，含 37%～38% 氯化氢）

配制 100mL。

4. 碘滴定液（0.02mol/L，以 I 计的摩尔浓度 I 原子量 126.90）

取碘 1.269g，加碘化钾 3.6g 与水 10mL 溶解后，加盐酸 1 滴与水适量使成 500mL，摇匀，用垂熔玻璃滤器滤过。标定。

5. 硫代硫酸钠滴定液（0.02mol/L，$Na_2S_2O_3 \cdot 5H_2O$ 分子量 248.19）

取硫代硫酸钠 2.6g 与无水碳酸钠 0.10g，加新沸过的冷水适量使溶解成 500mL，摇匀，放置 1 个月后滤过。标定。

6. 淀粉指示液

取可溶性淀粉 0.5g，加水 5mL 摇匀后，缓缓倾入 100mL 沸水中，随加随搅拌，继续煮沸 2min，放冷，倾取上层清液，即得。

四、牛黄解毒片的鉴别

1. 水合氯醛试液

取水合氯醛 33g，加水 10mL 与甘油 7mL 使溶解，即得。

2. 1% 香草醛硫酸溶液

取香草醛 0.1g，加硫酸 10mL 使溶解，即得。

3. 氢氧化钠溶液

取氢氧化钠 4.3g，加水溶解成 100mL，即得。

4. 浓过氧化氢溶液（30%）

20mL。

5. 10% 硫酸乙醇溶液

取硫酸 1mL，加乙醇 22mL，混匀，即得。

6. 正己烷-醋酸乙酯-醋酸-甲醇（20∶25∶2∶3）的上层溶液

50mL。

7. 稀甘油

取甘油、醋酸和水各 3mL，混匀，即得。

8. 乙醇

25mL。

9. 盐酸

25mL。

10. 氯仿

30mL。

五、药品鉴别常用方法

1. 碳酸钠试液

取一水合碳酸钠 6.25g 或无水碳酸钠 5.25g，加水使溶解成 50mL，即得。

2. 硝酸银试液

取硝酸银 0.9g，加水适量使溶解成 50mL，摇匀。

3. 稀盐酸

取盐酸 11.7mL，加水稀释至 50mL，即得。

4. 亚硝酸钠溶液

取亚硝酸钠 0.5g，加水使溶解成 50mL，即得。

5. 碱性 β-萘酚试液

取 β-萘酚 0.25g，加氢氧化钠溶液（1→10）10mL 使溶解，即得。

6. 三氯化铁试液

取三氯化铁 4.5g，加水使溶解成 50mL，即得。

7. 稀碘化铋钾试液

取次硝酸铋 0.85g，加冰醋酸 10mL 与水 40mL 溶解后，即得。临用前取 5mL，加碘化钾溶液（4→10）5mL，再加冰醋酸 20mL，加水稀释至 100mL，即得。

8. 三硝基苯酚试液

本液为三硝基苯酚的饱和水溶液（0.5→20）。

9. 氨制硝酸银试液

氨试液：取浓氨溶液 40mL，加水使成 100mL，即得。

取硝酸银 1g，加水 20mL 溶解后，滴加氨试液，随加随搅拌，至初起的沉淀将近全溶，滤过，即得。本液应置棕色瓶内，在暗处保存。

10. 10%氢氧化钠溶液

20mL。

11. 无水乙醇

100mL。

12. 盐酸

30mL。

13. 硫酸-乙醇（2∶1）

10mL。

14. 硝酸

20mL。

15. 石蕊试纸

常规。

第四章　应用光谱分析实验

　　为了配合药物分析课程的理论教学，本部分实验专门收录了有关紫外光谱法、红外光谱法、气相色谱法和高效液相色谱法等现代分析方法的实验。主导思想不仅在于仪器分析原理的实际验证，更重视这些分析方法在《中华人民共和国药典》中的应用实例。所以本部分实验内容主要取材于《中华人民共和国药典》。

实验一　气相色谱分析实验

一、目的要求
1. 进一步了解气相色谱仪的基本构成和操作。
2. 加深理解气相色谱分析测试原理。
3. 体验气相色谱法在药物分析检验中的重要作用。

二、基本原理
色谱法最初是作为一种有效的分离方法，它利用不同物质在流动相与固定相这两相间的分配系数不同而实现混合物中各组分的分离。色谱法被用于物质成分的分析检验而形成色谱分析法。气相色谱法是流动相为气体的色谱法。在现代的药物分析学中，气相色谱法已成为药物的鉴别、检查和含量测定的重要工具。

《中华人民共和国药典》针对气相色谱分析测定制定了相应的技术规则（附录ⅤE 气相色谱法）。例如，除另有规定外，载气为氮气；一般用火焰离子化检测器，用氢气作为燃料，空气作为助燃气。进样口温度应高于柱温 30～50℃；进样量一般不超过数微升；柱径越细进样量越少；检测温度一般高于柱温，并不得低于 100℃，以免水汽凝结，通常为 250～350℃。一般色谱图约于 30min 内记录完毕。在测定前应进行系统适用性试验。用规定的对照品对仪器进行实验和调整，应达到规定的要求或规定分析状态下色谱柱的最小理论板数、分离度、重复性和拖尾因子。再如，定量测定时，可根据供试品的具体情况采用峰面积法或峰高法。测定杂质含量时，须采用峰面积法等。本实验采用《中华人民共和国药典》的有关方法进行药物的杂质检查和药物的含量测定。

三、实验方法
（一）地塞米松磷酸钠中有机溶剂残留量测定

1. 仪器和试剂

① 岛津 GC-14C 气相色谱仪，色谱柱长：3m，固定相：二乙基苯-乙基乙烯苯型高分子多孔小球，载气：氮气，氢火焰离子化检测器。

② 地塞米松磷酸钠（原料药），甲醇，丙酮，正丙醇，无有机物的水。

③ 100mL 容量瓶两个，10mL 容量瓶一个，2mL 移液管一个，20mL 移液管一个，洗耳球一个，洗瓶一个。

2. 实验步骤

（1）内标溶液的配制　取正丙醇 1mL，置 100mL 的容量瓶中，加水稀释至刻度，摇匀。

（2）对照液的配制　精密量取甲醇 10μL（相当于 7.9mg）与丙酮 100μL（相当于 79mg），置 100mL 容量瓶中，精密加正丙醇内标溶液 20mL，加水稀释至刻度，摇匀，作为对照溶液（测定校正因子用的对照溶液）。

（3）供试品溶液的配制　取供试品约 0.16g，精密称定，置 10mL 容量瓶中，再精密加入内标溶液 2mL，加水溶解并稀释至刻度，摇匀。

（4）色谱条件与系统适用性实验　取上述对照液溶液一定的量注入仪器，进行色谱条件与系统适用性试验。用高分子多孔微球色谱柱，在150℃测定，按正丙醇计算的理论塔板数应大于700。内标物与待测物的两个色谱峰的分离度应大于1.5。测量对照品和内标物的峰面积，计算校正因子。

（5）取供试溶液一定的量注入仪器。测量供试品中待测成分和内标物的峰面积，按内标法计算供试品中有机溶剂丙酮甲醇的残留量质量百分比。

（二）维生素E片剂含量测定

1. 仪器和试剂

① 岛津GC-14C气相色谱仪，固定相为硅酮（OV-17），涂布浓度为2%，载气为氮气，氢火焰离子化检测器。

② 维生素E对照品，维生素E片，正三十二烷，正己烷。

2. 实验步骤

（1）内标溶液的配制　取正三十二烷适量，加正己烷溶解并稀释成每1mL中含1.0mg的溶液，作为内标溶液。

（2）对照溶液的配制　取维生素E对照品约20mg，精密称定，置棕色具塞瓶中，密精加内标溶液10mL，密塞，振摇使溶解，即得。

（3）供试品溶液的配制　取本品10片，精密称定，研细，精密称取适量（约相当于维生素E 20mg），置棕色具塞锥形瓶中，精密加内标溶液10mL，密塞，振摇使维生素E溶解，静置。进样时取上清液1~3μL。

（4）色谱条件与系统适应性实验　取上述对照液溶液一定的量注入仪器，进行色谱条件与系统适用性试验。以硅酮（OV-17）为固定相，柱温265℃。理论板数按维生素E峰计算不低于500，维生素E峰与内标物质峰的分离度应大于2。

（5）校正因子的测定　取对照溶液1~3μL注入气相色谱仪，测定，计算校正因子。

（6）含量测定　取供试品溶液的上清液1~3μL注入气相色谱仪，测定，照内标法计算含量。

本品为糖衣片。规格：①5mg②10mg③100mg。本品含维生素E（$C_{31}H_{52}O_3$）应为标示量的90.0%~110.0%。

四、思考题

1. 气相色谱法进行杂质检查，有哪些常用方法？
2. 气相色谱法进行药物含量测定，有哪些常用方法？

实验二 高效液相色谱分析实验

一、目的要求

1. 了解高效液相色谱仪的基本构成和操作。
2. 加深理解高效液相色谱法分析检验原理。
3. 体验高效液相色谱法在药物的鉴别、检查和含量测定中的重要作用。

二、基本原理

高效液相色谱法的流动相为液体,它又被称为现代液相色谱法。它的分离效能高、分析速度快、系统可承受的压力高,并配有高灵敏的检测器,所以具有高效、高速、高压和高灵敏度的特点。由于并不要求试样在分析条件下须能气化或具挥发性,所以高效液相色谱法在药物分析中的应用比气相色谱法更为广泛。它只要求试样能制成适当的溶液。因而,许多药物因沸点高或热稳定性差而难以用气相色谱法分析时,可用高效液相色谱法顺利地进行。特别是其高的分离效能,可以使药物与杂质等达到很好的在线分离,从而可方便地进行鉴别、检查和含量测定。在复杂成分药物的分析检验中,这种性能是一些常规分析方法难以比拟的优势。本实验借鉴《中华人民共和国药典》的方法应用高效液相色谱法进行有关药物的含量测定和杂质限量检查。

三、实验方法

(一)阿莫西林克拉维酸钾片的含量测定

1. 仪器和试剂

① 岛津高效液相色谱仪,色谱柱:25mm×4.6mm,十八烷基硅烷键合硅胶为填充剂,粒径5μm。检测器:紫外吸收检测器。

② 阿莫西林对照品,克拉维酸对照品,阿莫西林克拉维酸钾片($C_{16}H_{19}N_3O_5S$ 0.25g 与 $C_8H_9NO_5$ 0.0625g),磷酸二氢钠,磷酸,氢氧化钠,甲醇,蒸馏水。

③ 1000mL容量瓶两个,50mL容量瓶一个,10mL移液管一个,样品瓶一个,微孔滤器一个,微量进样器一个,洗耳球一个,洗瓶一个。

2. 实验步骤

(1)流动相的配制

① 磷酸盐缓冲液的配制:取磷酸二氢钠7.8g,加水900mL溶解,用磷酸或10mol/L氢氧化钠溶液调节pH值至4.4±0.1,加水稀释至1000mL。

② 流动相的配制:磷酸盐缓冲液与甲醇按95:5比例混合。

(2)对照液的配制 取阿莫西林对照品与克拉维酸对照品各适量,加水溶解,制成每1mL中含阿莫西林0.5mg和克拉维酸0.125mg的混合溶液。

(3)供试液的配制 取阿莫西林克拉维酸钾片10片,置1000mL容量瓶中,加水适量,振摇使溶解,加水稀释至刻度,摇匀,精密量取10mL,置50mL容量瓶中,加水稀释至刻度,摇匀,滤过。

(4)色谱条件与系统适用性试验 流速为每分钟0.75mL;检测波长为220nm。取对照液 10μL 注入液相色谱仪，记录色谱图。阿莫西林峰与克拉维酸峰应达到完全分离。

(5) **定性鉴别**　取供试液 10μL 注入液相色谱仪，记录色谱图。色谱图中供试品的两个主峰的保留时间应与两个对照品峰的保留时间一致。

(6) **定量测定**　取供试液 10μL 注入液相色谱仪，记录色谱图。按外标法以峰面积分别计算供试品中 $C_{16}H_{19}N_3O_5S$ 和 $C_8H_9NO_5$ 的含量。

(二) 利巴韦林中有关物质检查

1. 仪器和试剂

① 岛津高效液相色谱仪，色谱柱：25mm×4.6mm，十八烷基硅烷键合硅胶为填充剂，粒径 5μm。检测器：紫外吸收检测器。

② 利巴韦林（原料药），硫酸铵。

2. 实验步骤

(1) **流动相的配制**　水或 0.03mol/L 硫酸铵溶液。

(2) **供试品溶液的配制**　加流动相制成每 1mL 中含 0.4mg 的溶液作为供试品溶液。

(3) **对照溶液的配制**　精密量取供试品溶液 1mL，置 50mL 容量瓶中，用流动相稀释至刻度，摇匀，作为对照溶液。

(4) **系统适用性试验**　取对照溶液 20μL，注入液相色谱仪。检测波长为 207nm。理论塔板数按利巴韦林峰计算，应不低于 2500。调节仪器灵敏度，使主成分峰的峰高为满量程的 20%～25%。

(5) **杂质检查**　精密量取供试品溶液与对照溶液各 20μL，分别注入液相色谱仪，记录色谱图至主成分峰保留时间的 2 倍，供试品溶液的色谱图中各杂质峰面积的和不得大于对照溶液的主峰面积（1.0%）。

四、思考题

1. 利用高效液相色谱法进行杂质检查，有哪些常用方法？
2. 利用高效液相色谱法进行药物含量测定，有哪些常用方法？

实验三　紫外吸收光谱分析实验

一、目的要求

1. 熟悉紫外分光光度计的操作。
2. 体会紫外吸收光谱法在药品鉴别中的应用。
3. 掌握紫外吸收光谱法进行药品定量分析的方法。

二、基本原理

紫外吸收光谱主要是由于分子中价电子的能级跃迁而产生的吸收光谱，故又称为电子光谱。因此，紫外吸收光谱可反映分子中成键电子的状态。这种分子光谱信息可用于药物的鉴别、检查和含量测定。

紫外吸收光谱分析是通过测定被测物质在指定波长处或某一定波长范围内的光吸收度，对该物质进行定性分析和定量分析的方法。其中光吸收所遵循的规律是著名朗伯-比尔定律。当单色光辐射穿过被测物质溶液时，被该物质吸收的量与该物质的浓度和液层的厚度成正比：

$$A = \lg(1/T) = ECL$$

式中，A 为吸光度，T 为透光度，E 为吸收系数 C 为被测物质的浓度，L 为液层的厚度。在《中华人民共和国药典》中，吸收系数表示为 $E_{1cm}^{1\%}$，其物理意义为当溶液浓度为 1%（g/mL），液层厚度为 1cm 时的吸光度数值。

《中华人民共和国药典》要求，在利用紫外光谱法进行药物分析前，应首先进行仪器的校正和鉴定、吸光度准确度的检定、杂散光检查、溶剂吸收度检查、供试品吸收峰的核对等。本实验借鉴《中华人民共和国药典》的方法进行药品的鉴别和含量测定。

三、实验方法

（一）仪器的校正和检定

1. 仪器波长的校正测定

对所用的仪器，除应定期进行全面校正检定外，还应于测定前校正测定波长。用仪器中氘灯的 486.02nm 与 656.10nm 谱线进行校正，或用汞灯中的较强谱线 237.83nm，253.65nm，275.28nm，296.73nm，313.16nm，334.15nm，365.02nm，404.66nm，435.83nm，546.07nm 与 576.96nm 进行校正。

2. 吸光度的准确度检定

用重铬酸钾的硫酸溶液进行检定。取在 120℃ 干燥至恒重的基准重铬酸钾约 60mg，精密称定，用 0.005mol/L 硫酸溶液溶解并稀释至 1000mL，在规定的波长处测定并计算其吸收系数，并与规定的吸收系数比较，应符合下表中的规定。

吸收系数的规定值与许可范围

波长/nm	吸收系数($E_{1cm}^{1\%}$)的规定值	吸收系数($E_{1cm}^{1\%}$)的许可范围
235(最小)	124.5	123.0～126.0
257(最大)	144.0	142.8～146.2
313(最小)	48.6	47.0～50.3
350(最大)	106.6	105.5～108.5

3. 杂散光的检查

按下表所列的试剂和浓度，配制成水溶液，置 1cm 石英吸收池中，在规定的波长处测定透光率，应符合下表中的规定。

杂散光的检查

试剂	浓度/%(g/mL)	测定用波长/nm	透光率/%
碘化钠	1.00	220	<0.8
亚硝酸钠	5.00	340	<0.8

4. 溶剂吸收度检查

在测定供试品前，应检查所用的溶剂在供试品所用的波长附近是否符合要求。

将本实验所用溶剂 0.4％氢氧化钠溶液、0.1mol/L 盐酸溶液、盐酸溶液（9→1000），分别置 1cm 石英吸收池中，以空气为空白（即空白光路中不置任何物质）测定其吸光度。测得的吸光度应符合药典的要求。

《中华人民共和国药典》要求：溶剂和吸收池的吸光度，在 220～240nm 范围内不得超过 0.40，在 241～250nm 范围内不得超过 0.20，在 251～300nm 范围内不得超过 0.10，在 300nm 以上时不得超过 0.05。

（二）药品的鉴别试验

1. 布洛芬片剂的鉴别

取本品的细粉适量，加 0.4％氢氧化钠溶液，制成每 1mL 中含布洛芬 0.25mg 的溶液，滤过，取续滤液，照紫外-可见分光光度法测定，在 265nm 与 273nm 的波长处有最大吸收，在 245nm 与 271nm 的波长处有最小吸收，在 259nm 的波长处有一肩峰。

本品为糖衣或薄膜衣片，除去包衣后显白色。规格：①0.1g②0.2g。

2. 叶酸片剂的鉴别

取本品的细粉适量（约相当于叶酸 0.4mg），加 0.4％氢氧化钠溶液 20mL，振摇使叶酸溶解，滤过；取滤液 10mL，加等量的 0.4％氢氧化钠溶液稀释。制成每 1mL 中约含 10μg 的溶液，照紫外-可见分光光度法测定，在 256nm、283nm 与（365±4）nm 的波长处有最大吸收。在 256nm 与 365nm 波长处的吸光度比值应为 2.8～3.0。

本品为黄色或橙黄色片。规格：①0.4mg②5mg。

3. 乙胺嘧啶片剂鉴别

取本品的细粉适量（约相当于乙胺嘧啶 25mg），置 100mL 容量瓶中，加 0.1mol/L 盐酸溶液 70mL。微温并时时振摇使乙胺嘧啶溶解。放冷，加 0.1mol/L 盐酸溶液稀释至刻度，摇匀；滤过，精密量取续滤液 5mL 置另一 100mL 容量瓶中，加 0.1mol/L 盐酸溶液稀释至刻度，摇匀。照紫外-可见分光光度法测定，在 272nm 的波长处有最大吸收，在 261nm 的波长处有最小吸收。

本品为白色片。规格：6.25mg。

（三）药品的含量测定

1. 对乙酰氨基酚片剂含量测定

取本品 10 片，精密称定，研细，精密称取适量（约相当于对乙酰氨基酚 40mg），置 250mL 容量瓶中。加 0.4％氢氧化钠溶液 50mL 与水 50mL，振摇 15min，加水至刻度，摇匀，滤过，精密量取续滤液 5mL，置 100mL 容量瓶中，加 0.4% 氢氧化钠溶液 10mL，加水至刻度，摇匀，即得供试品溶液。

照紫外-可见分光光度法，在 257nm 的波长处核对吸收峰波长并选择适当的狭缝宽度，测定吸光度，按 $C_8H_9NO_2$ 的吸收系数（$E_{1cm}^{1\%}$）为 715 计算，即得。

本品含对乙酰氨基酚应为标示量的 95.0%～105.0%。本品为白色片或薄膜衣片。规格：①0.1g②0.3g③0.5g。

吸收峰波长的核对方法：以配制供试品溶液的同批溶剂为空白对照，采用 1cm 的石英吸收池，在规定的吸收峰波长±2nm 以内测试几个点的吸光度，或由仪器在规定波长附近自动扫描测定，以核对供试品的吸收峰波长位置是否正确。吸收峰波长应在该品种项下规定的波长±2nm 以内，并以吸光度最大的波长作为测定波长。

狭缝宽度的选择方法：以减小狭缝宽度时供试品的吸光度不再增大为准（仪器的狭缝波带宽度应小于供试品吸收带的半宽度的十分之一，否则测得的吸光度会偏低）。

2. 维生素 B_1 片剂含量测定

取本品 20 片，精密称定，研细，精密称取适量（约相当于维生素 B_1 25mg），置 100mL 容量瓶中，加盐酸溶液（9→1000）约 70mL，振摇 15min 使维生素 B_1 溶解，加盐酸溶液（9→1000）稀释至刻度，摇匀，用干燥滤纸滤过，精密量取续滤液 5mL，置另一 100mL 容量瓶中，再加盐酸溶液（9→1000）稀释至刻度，摇匀，即得供试品溶液。

照紫外-可见分光光度法，在 246nm 的波长处核对吸收峰波长并选择适当的狭缝宽度，测定吸光度，按 $C_{12}H_{17}ClN_4OS\cdot HCl$ 的吸收系数（$E_{1cm}^{1\%}$）为 421 计算，即得。

本品含维生素 B_1（$C_{12}H_{17}ClN_4OS\cdot HCl$）应为标示量的 90.0%～110.0%。本品为白色片。规格：①5mg②10mg。

四、思考题

1. 为提高紫外光谱法鉴别药物的专属性，常采取哪些措施？
2. 用紫外分光光度法方法进行定量测定时，常用哪几种方法？简述其测定方法。

实验四 红外吸收光谱分析实验

一、实验目的
1. 熟悉红外光谱仪的基本操作。
2. 了解红外光谱分析的基本程序。
3. 体会红外光谱法在杂质检查和药品鉴别中的应用。

二、基本原理

红外吸收光谱又称为分子振动转动光谱。它是由于分子振动能级的跃迁而产生的,而分子的振动实际上可分解为组成分子的化学键的振动,或者说组成分子的原子团的振动。因此,红外光谱可提供大量的分子结构信息。在药品检验中,红外光谱法具有高度专属性。在有机药品鉴别中,红外光谱法已成为与其他理化方法联合使用中的重要仪器分析方法。特别是对化学结构比较复杂或相互间化学差异较小的药品的鉴别,红外光谱法更是行之有效的鉴别手段。对某些多晶型药品,晶型结构不同会导致某些化学键的键角及键长的不同,从而会导致某些红外吸收峰的频率和强度的不同。因此红外光谱法亦作为杂质检查中低效和无效晶型检查的主要方法。

《中华人民共和国药典》对红外光谱分析有明确的规定。原料药鉴别,应该按照国家药典委员会编订的《药品红外光谱集》各卷所收载各光谱图所规定的制备方法制备供试品及测定。制剂鉴别,应按照各品种项下规定的处理方法制备供试品及测定。如处理后辅料无干扰,则可直接与原料药的标准光谱进行对比;如辅料仍存在不同程度的干扰,在指纹区内选择 3~5 个辅料无干扰的待测成分的特征吸收峰与原料药的标准光谱对比,实测谱带的波数误差应小于规定波数的 0.5%。

在对照所测药品的光谱图与《药品红外光谱集》所收载的药品的光谱图时,首先要在测定药品所用的仪器上录制聚苯乙烯薄膜的光谱图,与光谱集收载的聚苯乙烯薄膜的光谱图加以比较。由于仪器间的分辨率存在差异及不同操作条件的影响,聚苯乙烯薄膜的光谱图的比较,将有助于药品光谱图对照的判断。

三、实验方法

1. 仪器的校正

仪器:傅里叶变换红外光谱仪或色散型红外分光光度计。仪器的标称分辨率应不低于 $2cm^{-1}$。

用聚苯乙烯薄膜(厚度约为 0.04mm)校正仪器,绘制其光谱图,用 $3027cm^{-1}$,$2851cm^{-1}$,$1601cm^{-1}$,$1028cm^{-1}$,$907cm^{-1}$ 处的吸收峰对仪器的波数进行校正。傅里叶变换红外光谱仪在 $3000cm^{-1}$ 附近的波数误差应不大于 $±5cm^{-1}$,在 $1000cm^{-1}$ 附近的波数误差应不大于 $±1cm^{-1}$。

仪器的分辨率要求在 $3110~2850cm^{-1}$ 范围内应能清晰地分辨出 7 个峰。峰 $2851cm^{-1}$ 与谷 $2870cm^{-1}$ 之间的分辨深度不小于 18% 透光率,峰 $1583cm^{-1}$ 与谷 $1589cm^{-1}$ 之间的分辨深度不小于 12% 透光率。

2. 甲苯磺丁脲片的鉴别

取本品一片的细粉，加丙酮 8mL，振摇提取，滤过，滤液置水浴上蒸干。

取预先干燥的溴化钾（110℃下烘干 48h 以上，并保存在干燥器内）约 200mg，置于洁净的玛瑙研钵中，充分研磨均匀，移置于直径 13mm 的压模中，使铺布均匀，抽真空约 2min 后，加压至 0.8～1GPa，保持 2～5min，除去真空，取出制成的空白溴化钾片，目视检查应均匀透明，无明显颗粒。

取上述提取物甲苯磺丁脲约 1mg，置玛瑙研钵中，加入干燥的溴化钾 200mg，如上法操作，制备供试片。

将供试片置于仪器的样品光路中，并扣除空白溴化钾片的背景，录制光谱图。上述提取物的红外吸收图谱应与对照的图谱（光谱集 102 图）一致。

3. 甲苯咪唑中 A 晶型的检查

甲苯咪唑有三种晶型，其中 A 晶型为无效晶型，C 晶型为有效晶型。中国药典采用红外吸收光谱法检查无效的 A 晶型。A 晶型在 640cm^{-1} 处有强吸收，在 662cm^{-1} 处吸收很弱。C 晶型则相反，在 640cm^{-1} 处吸收很弱，在 662cm^{-1} 处有强吸收。用此二处的吸收度比值可检查 A 晶型的量。

取本品与含 A 晶型为 10% 的甲苯咪唑对照品各约 25mg，分别加液状石蜡 0.3mL，研磨均匀，制成厚度约 0.15mm 的石蜡糊片，同时制作厚度相同的空白液状石蜡糊片作参比，照红外分光光度法（附录Ⅳ C）测定，并调节供试品与对照品在 803cm^{-1} 波数处的透光率为 90%～95%，分别记录 620～803cm^{-1} 波数处的红外光吸收图谱。在约 620cm^{-1} 和 803cm^{-1} 波数处的最小吸收峰间连接一条基线，再在约 640cm^{-1} 和 662cm^{-1} 波数处的最大吸收峰之顶处做垂线与基线相交，从而得到这些最大吸收峰处的校正吸收值，供试品在约 640cm^{-1} 与 662cm^{-1} 波数处的校正吸收值之比，不得大于含 A 晶型为 10% 的甲苯咪唑对照品在该波数处的校正吸收值之比。

四、注意事项

对溴化钾的质量要求：用溴化钾制成空白片，录制光谱图，基线应大于 75% 透光率；除在 3440cm^{-1} 及 1630cm^{-1} 附近因残留或附着水而呈现一定的吸收峰外，其他区域不应出现大于基线 3% 透光率的吸收谱带。

基线一般控制在 90% 透光率以上，供试品取量一般控制在使其最强吸收峰在 10% 透光率以下。

五、思考题

1. 哪类杂质在《中华人民共和国药典》中用红外光谱法检查？
2. 红外光谱法常用于药物鉴别，为什么说它是一种具有高度专属性的鉴别方法？

第五章 药剂学实验

药剂学实验是为配合药剂学理论教学过程开设的一门专业课。本课程的任务是在药剂学理论课的基础上，培养学生如何利用理论知识指导实践，并养成良好的实验作风。实验课着重讲述制剂技术的一般程序和方法，通过实际操作训练，同学们应能掌握各剂型的制备工艺及一些检查项目的测定方法、某些成分的含量测定方法、并学会如何运用术语进行科学描述。

实验一 溶液型与胶体型液体制剂的制备

一、实验目的
1. 了解各类液体制剂的分类及特点。
2. 掌握常用液体制剂的制备方法及稳定措施。
3. 熟悉影响液体制剂质量的因素以及评定质量的方法。

二、基本原理
1. 溶液型液体制剂概念

药物以 1nm 的分子式离子分散溶解在液体分散介质中,供内服或外用的均相液体制剂。

2. 液体制剂常用溶剂

(1) 极性溶剂

① 水:最常用的极性溶剂,本身无任何药理及毒性作用,价廉易得。但水性液体制剂不稳定,易长霉,不宜久贮。

② 乙醇:最常用的有机溶剂。溶解范围很广。但成本高,本身有药理作用,易挥发,易燃。

③ 甘油:为黏稠性液体,味甜、毒性小,能与水、乙醇丙二醇等任意比例混合,无水甘油有吸水性,对皮肤黏膜有刺激性,但含水 10% 的甘油无刺激性,且有缓和刺激、防止干燥、滋润皮肤、延长药物局部疗效等作用。

④ 丙二醇:可作为内服,肌注用药的溶剂,毒性及刺激性小。

⑤ 聚乙二醇类(PEG):本品对易水解的药物具有一定的稳定作用。外用能增加皮肤的柔韧性,并具保湿作用。

⑥ 二甲基亚砜(DMSO):极性较大,无色微臭的液体。有强吸湿性,冰点低,有良好的防冻作用。本品溶解范围很广,有万能溶剂之称。对皮肤、黏膜的穿透力很强,有一定的消炎、止痒、治风湿病的作用。

(2) 非极性溶剂

① 脂肪油:常用的一类非极性溶剂,能溶解油溶性药物,但易酸败,也易与碱性药物起皂化反应而变质。

② 液状石蜡:化学性质稳定,能溶解生物碱、挥发油等非极性物质,与水不能混溶。

③ 油酸乙酯:为脂肪油的代用品。

④ 肉豆蔻酸异丙酯:化学性质稳定,不会酸败,不易氧化和水解。本品刺激性低,无过敏性。

3. 增加溶解度的方法

(1) 制成盐类 一些难溶性弱酸,弱碱类药物制成盐使之成为离子型极性化合物,可增加其溶解度。

(2) 更换溶剂或选用混合溶剂 药物在单一溶剂中的溶解能力差,但在混合剂中比单一溶剂更易溶解的现象称为潜溶,这种混合溶剂称为潜溶剂。这是两种溶剂分子对药物分子不同部位作用的结果。

(3) 加入助溶剂　一些难溶性药物,当加入第三种物质时能使其在水中的溶解度增加,而又不降低活性的现象称为助溶,第三种物质是低分子化合物时称助溶剂。

(4) 使用增溶剂　是将药物分散于表面活性剂形成的胶团中,而增加药物溶解度的方法。

(5) 分子结构修饰　是一些难溶性药物的分子中引入亲水基团以增加其在水中的溶解度。

4. 液体制剂的制备

(1) 溶解法　此法适用于较稳定的化学药物的制备。

(2) 稀释法　适用于高浓度溶液或易溶性药物的储备液等原料。

(3) 化学反应法　适用于原料药物缺乏或不符合医疗要求的情况。

5. 胶体溶液的性质

胶体是一种均匀混合物,在胶体中含有两种不同相态的物质,一种分散,另一种连续。分散的一部分是由微小的粒子或液滴所组成,分散质粒子直径在 1~100nm 之间的分散系。胶体是一种分散质粒子直径介于粗分散体系和溶液之间的一类分散体系,这是一种高度分散的多相不均匀体系。

6. 胶体溶液的制备方法

(1) 溶胶剂(疏水胶体)的制备

A. 分散法

① 研磨法:即用机械粉碎的方法,适用于脆而易碎的药物,对于柔韧性的药物必须使其硬化后才能研磨,生产上用胶体磨进行研磨,若研磨一次分散度不够时,可反复研磨。

② 胶淀法:(解胶法)这是利用在细小的沉淀中加入电解质,使沉淀的粒子吸附电荷逐渐分散的方法。

B. 凝集法

药物在真溶液中由于物理条件或化学反应条件的改变而形成沉淀,若该条件控制适宜,使沉淀溶液有一个适宜的过饱和浓度,恰好符合溶胶剂的分散要求,则可生成胶体溶液。

(2) 亲水胶体的制备　自然溶解法:由于高分子化合物分子量大,溶解过程比较缓慢,制备时须加大药物与溶媒的接触面,常直接将胶粉撒布于液面上,使其自然吸水溶胀,逐渐溶解,略加搅拌后即得均匀胶体溶液,为增加接触面,还可采用提高胶粒度,加入分散剂等方法。

三、实验内容

(一) 溶液型液体制剂的制备

1. 碘酊的制备

【处方】　碘　　　　　　　　　1g

　　　　　碘化钾　　　　　　　2g

　　　　　蒸馏水　　　　　　　20mL

【制法】 取碘化钾,加蒸馏水约 1mL 溶解后,配成浓溶液,再加碘搅拌使溶解,再加水适量使成 20mL,搅匀,即得。

注:

① 碘在水中的溶解度为 1∶2950,加入碘化钾可与碘生成易溶于水的络合物 KI_3,同时使碘稳定不易挥发,并减少其刺激性。

② 为使碘能迅速溶解,宜先将碘化钾加适量蒸馏水配制浓溶液,然后加入碘溶解。

③ 碘有腐蚀性,慎勿接触皮肤与黏膜。

【用途】 消毒防腐药。

【贮藏】 遮光,密封,在凉处保存。

2. 复方硼酸钠溶液(朵贝尔溶液)的制备

【处方】
硼酸钠	1.5g
碳酸氢钠	1.5g
液化酚	0.3mL
甘油	3.5mL
水	适量
全量	100mL

【制法】 取硼酸钠加热水约 50mL 溶解后,放冷,加入碳酸氢钠溶解。另取液化酚加入甘油中搅匀,将该混合液缓缓加入硼酸钠、碳酸氢钠的混合液中,随加随搅拌,静置片刻至气泡不再发生为止,过滤,于滤器上添加水使成 100mL,即得。

注:

① 硼砂易溶于热蒸馏水,但碳酸氢钠在 40℃ 以上易分解,故先用热蒸馏水溶解硼砂,放冷后再加入碳酸氢钠。

② 本品中含有的甘油硼酸钠和液化酚均具有杀菌作用,甘油硼酸钠由硼砂、甘油及碳酸氢钠经化学反应生成,其化学反应式如下:

$$Na_2B_4O_7 \cdot 10H_2O + 4C_3H_5(OH)_3 \longrightarrow 2C_3H_5(OH)NaBO_3 + 2C_3H_5(OH)HBO_3 + 13H_2O$$

$$C_3H_5(OH)HBO_3 + NaHCO_3 \longrightarrow C_3H_5(OH)NaBO_3 + CO_2\uparrow + H_2O$$

③ 本品常用伊红着红色,以示外用不可内服。

【用途】 口腔含漱剂。适用于口腔炎,咽喉炎与扁桃体炎。

【贮藏】 密封,在凉处保存。

3. 薄荷水溶液的制备

【处方】

	Ⅰ	Ⅱ	Ⅲ
薄荷油	0.2mL	0.2mL	2mL
滑石粉	1.5g	—	—
聚山梨酯 80(吐温 80)	—	1.2g	2g
90%乙醇	—	—	60mL
蒸馏水	100mL	100mL	100mL

【制法】

① 处方Ⅰ用分散溶解法:取薄荷油,加滑石粉,在研钵中研匀,移至细口瓶中,加

入蒸馏水，加盖，振摇10min后，反复过滤至滤液澄明，再由滤器上加适量蒸馏水，使成100mL，即得。另用轻质碳酸镁，活性炭各1.5g，分别按上述方法制备薄荷水。记录不同分散剂制备薄荷水所观察到的结果。

②处方Ⅱ用增溶法：取薄荷油，加吐温80搅拌均匀，加入蒸馏水充分搅拌溶解，过滤至滤液澄明，再由滤器上加适量蒸馏水，使成100mL，即得。

③处方Ⅲ用增溶-复溶剂法：取薄荷油，加吐温80搅拌均匀，在搅拌下缓慢加入乙醇（90％）及适量蒸馏水溶解，过滤至滤液澄明，再由滤器上加适量蒸馏水，使成100mL，即得。

注：

① 本品为薄荷油的饱和水溶液［约0.05％（mL/mL）］，处方用量为溶解量的4倍，配制时不能完全溶解。

② 滑石粉等分散剂，应与薄荷油充分研匀，以利发挥其作用，加速溶解过程。

③ 吐温80为增溶剂，应先与薄荷油充分搅匀，再加水溶解，以利发挥增溶作用，加速溶解过程。

4. 1％甲紫溶液的配制（又名紫药水、龙胆紫溶液）

【处方】　甲紫　　　　0.5g

　　　　　乙醇　　　　1mL

　　　　　蒸馏水　　　加至50mL

【制法】　取甲紫加适量乙醇湿润，加水至足量，搅拌均匀即得。

注：甲紫在乙醇中溶解度比在水中大3～4倍，故制备时，先用乙醇湿润或溶解，可避免结块与药粉飞扬。

【用途】　消毒防腐，抑制革兰阳性菌，外用于防治皮肤、黏膜的化脓性感染及治疗口腔、阴道的霉菌感染。

【贮藏】　密封，避光保存。

(二) 胶体型液体制剂的制备

1. 胃蛋白酶合剂的制备

【处方】　胃蛋白酶　　　　　　1.0g

　　　　　稀盐酸　　　　　　　1mL

　　　　　水　　　　　　　　　适量

　　　　　全量　　　　　　　　50mL

【制法】　取稀盐酸加水约30mL，混匀，将胃蛋白酶撒在液面上，自然膨胀，轻加搅拌使溶解，再加水使成50mL，搅拌均匀，即得。

注：胃蛋白酶极易吸潮，故称取时应迅速。胃蛋白酶在pH 1.5～2.0时活性最强，故盐酸的量若超过0.5％时会破坏其活性，亦不可直接加入未经稀释的稀盐酸。操作中的强力搅拌以及用棉花、滤纸过滤等，都会影响本品的活性和稳定性。

【用途】　助消化药。

【贮藏】　密封，在凉暗处保存。

2. 甲酚皂溶液（来苏尔）的制备

【处方】	Ⅰ	Ⅱ
甲酚	25mL	25mL
植物油	8.65g	—
氢氧化钠	1.35g	—
软皂	—	25g
蒸馏水	加至 50mL	加至 50mL

【制法】

1. 处方Ⅰ

取氢氧化钠，加蒸馏水 5mL，溶解后，加植物油，置水浴上加热，时时搅拌，至取溶液 1 滴，加蒸馏水 9 滴，无油滴析出，即为已完全皂化。加甲酚，搅匀，放冷，再添加适量的蒸馏水，使成 50mL，混合均匀，即得。

2. 处方Ⅱ

将甲酚、软皂加入一起搅拌混溶，添加适量蒸馏水直至足量，搅拌均匀，即得。

分别取处方Ⅰ与处方Ⅱ制得成品 1mL，各加蒸馏水稀释至 100mL，观察并比较其外观。

注：

① 甲酚与苯酚性质相似，较苯酚的杀菌力强，较高浓度时，对皮肤有刺激性，操作宜慎。

② 甲酚在水中的溶解度小（1∶50），利用肥皂增溶作用，制成 50%甲酚皂溶液。

③ Ⅰ法皂化程度完全与否与成品质量有密切关系，皂化速度可因加少量乙醇（约制品全量的 5.5%）而加速反应，待反应完全后再加热除醇。

④ 甲酚、肥皂、水三组分形成的溶液是一种复杂的体系。具有胶体溶液的特性。上述三组分配比例适当的制成品为澄清溶液，且用水稀释时亦不呈现浑浊状态。

【用途】能杀灭多种细菌，包括铜绿假单胞杆菌（绿脓杆菌）及结核杆菌，但对芽孢作用较弱。用于消毒家具及地面，一般用 2%～5%溶液。器械消毒用 2%～3%溶液浸泡 15～30min。副作用是对皮肤、黏膜有腐蚀性。

【贮藏】 密封，在凉暗处保存。

四、思考题

1. 制备薄荷水时加入滑石粉、轻质碳酸镁、活性炭的作用是什么？还可以选用哪些具有类似作用的物质？欲制得澄明液体的操作关键为何？

2. 复方碘溶液中碘有刺激性，口服时宜做何处理？

3. 试写出甲酚皂溶液制备过程采用的皂化反应式，有哪些植物油可以替代豆油，它们对成品的杀菌效力有无影响？

实验二　混悬型液体制剂的制备

一、实验目的
1. 学习配制不同类型的药物混悬液。
2. 了解助悬剂、表面活性剂、电解质在混悬剂中的作用。
3. 学习混悬型液体制剂的质量评定方法。

二、基本原理

混悬剂（Suspensions）系指难溶性固体药物以微粒状态分散于分散介质中形成的非均匀的液体制剂。混悬剂中药物微粒一般在 $0.5\sim10\mu m$ 之间，小者可为 $0.1\mu m$，大者可达 $50\mu m$ 或更大。混悬剂属于热力学不稳定的粗分散体系，所用分散介质大多数为水，也可用植物油。

1. 混悬剂的稳定性

是指难溶性药物颗粒分散在液体介质中，所形成的非均相分散体系。在药剂学中不溶性药物需制成液体剂型，药物的用量超过了溶解度而不能制成溶液，两种药物混合时溶解度降低而产生难溶性化合物，为了产生长效作用或提高水溶液的稳定性均可做成混悬剂，但毒药及剂量小的药物不宜制成混悬剂。

混悬剂为不稳定分散体系，其稳定性受下列因素的影响。

① 混悬微粒的沉降，其沉降速度符合斯托克斯（Stokes）定律。

$$V=2r^2(\rho_1-\rho_2)g/9\eta$$

② 混悬微粒的电荷与水化。
③ 絮凝作用。
④ 微粒的增长与晶型的转变。
⑤ 分散相的浓度和温度。
⑥ 流变性。

为了增加其稳定性，可加入稳定剂：润湿剂、助悬剂、絮凝剂与反絮凝剂。

2. 制备方法

（1）分散法　将固体药物粉碎成符合混悬微粒分散度要求后，再混悬于分散介质中的方法。如炉甘石洗剂的制备，复方硫洗剂的制备。

（2）凝聚法　将分子或离子状态的药物借助物理和化学方法，在分散介质中聚集成新相的方法。包括化学凝聚法和微粒结晶法。

（3）化学凝聚法　由两种或两种以上化合物经化学反应生成不溶性的药物，悬浮于液体中制成混悬剂。为使生成的颗粒细微均匀，化学反应要在稀溶液中进行，并急速搅拌。如氢氧化铝凝胶，磺胺嘧啶混悬液的制备。

（4）微粒结晶法　将药物制成热饱和溶液，在急速搅拌下加到另一个不同性质的冷溶剂中通过溶剂的转换作用，使之快速结晶，再将微粒混悬于分散介质中。如醋酸氢化泼尼松微粒的制备。

3. 混悬剂的质量评价

混悬剂的质量评价主要是考察其物理稳定性,目前有以下几种方法:①沉降体积比的测定;②重新分散试验;③混悬微粒大小的测定;④絮凝度的测定。

三、实验内容

1. 炉甘石洗剂的制备

【处方】

炉甘石	4.0g
氧化锌	4.0g
甘油	1.0mL
氢氧化钙溶液	适量
全量	50mL

【制法】 取炉甘石、氧化锌混合过120目筛,置乳钵中,加少量氢氧化钙溶液,研成糊状后,加甘油研匀,再添加适量氢氧化钙溶液使成50mL,搅匀,即得。

注:①炉甘石是氧化锌与少量氧化铁的混合物,按规定,按干燥品计算含氧化锌不得少于40%。②氧化锌与炉甘石为典型的亲水性药物,可以被水湿润,故先加入适量分散媒研成细腻的糊状,使粉末为水分散,阻止颗粒凝聚。③加液研磨时,主药与分散媒的比例为1:(0.4~0.6)。

【用途】 轻度收敛止痒,适用于急性湿疹、丘疹、红斑、亚急性皮炎等。

【贮藏】 密封,在凉暗处保存。

2. 复方硫洗剂的制备

【处方】

沉降硫黄	1.2g
硫酸锌	1.2g
樟脑醑	10mL
甘油	4mL
吐温80	0.1mL
水	适量
全量	40mL

【制法】 取沉降硫黄,置乳钵中,研磨,加甘油及吐温80研匀,缓缓加入硫酸锌溶液研磨,加入适量水,研磨均匀,然后缓缓加入樟脑醑,边加边研,最后加入适量水使成全量,搅匀,即得。

注:①硫黄有升华硫、精制硫和沉降硫三种,以沉降硫的颗粒最细,故本处方选用沉降硫。硫黄为典型的疏水性药物,不被水润湿但能被甘油所润湿,故应先加入甘油与吐温80与之充分研磨,使其充分润湿后,再与其他液体研和,有利于硫黄的分散。

② 本处方中因含有硫酸锌而不能加入软肥皂作润湿剂,因二者有可能产生不溶性的二价锌肥皂。加入樟脑醑时,应以细流慢慢加入水中并急速搅拌,防止樟脑醑因骤然改变溶媒而析出大颗粒。

【用途】 保护皮肤与抑制皮脂分泌,适用于皮脂溢出、痤疮及酒渣鼻等。

【贮藏】 密封,在凉暗处保存。

3. 观察各种附加剂对硫酸钡混悬液物理稳定性的影响

按照下表制备各处方。

处方号 组成	1	2	3	4
硫酸钡	4g	4g	4g	4g
羧甲基纤维素钠	—	0.2%	—	—
枸橼酸钠	—	—	0.9%	0.9%
三氧化铝	—	—	—	20g
蒸馏水加至	10mL	10mL	10mL	10mL

处方1~3各成分直接置于试管中混合即可,处方4先将硫酸钡与枸橼酸钠溶液混合后加水到8mL,显微镜下观察现象,然后再加三氧化铝溶液,再观察,实验记录记于下表中并进行讨论。

时间/min	固体所占高度/总体高度			
	1	2	3	4
5				
15				
30				
60				
120				
360				
外观				
镜检是否絮凝				
8h后重新分散次数				

观察重新分散次数的实验方法:上述样品密度,使容器倒置再正过来(一反一正算一次),观察经几次翻转沉降物才能均匀分散。

实验三　乳浊型液体制剂的制备

一、实验目的
1. 掌握乳剂的一般制备方法及常用乳剂类型的鉴别方法。
2. 学习并掌握表面活性剂在药剂中的应用。

二、基本原理
1. 乳剂形成的理论

乳剂也称乳浊剂，是两种互不相溶的液体组成的非均相分散体系。乳剂中分散的液滴称为分散相、内相、不连续相，包在液滴外面的另一相则称为分散介质、外相、连续相。

制备乳剂时，除油、水两相外，还需加入能够阻止分散相聚集而使乳剂稳定的第三种物质，称为乳化剂。乳化剂的作用是降低界面张力，增加乳剂的黏度，并在分散相液滴的周围形成坚固的界面膜或形成双电层。

乳化剂通常为表面活性剂。表面活性剂溶于水中，当浓度较大时，疏水部分便相互吸引，混合在一起，形成混合体，称为胶团或胶束。表面活性剂亲水亲油的强弱是以亲水亲油平衡值（HLB）来表示的。HLB值越高，其亲水性越强。

HLB值的计算公式为：

$$HLB = 7 + 11.7 - \log(M_W/M_O)$$

$$HLB_{AB} = (HLB_A \times W_A + HLB_B \times W_B)/(W_A + W_B)$$

M_W 和 M_O 分别为亲水基团和亲油基团的分子量。

W_A 和 W_B 分别为 A、B 两种表面活性剂的量（质量、比例量等）。

2. 分类

（1）简单乳

① 油包水型乳剂（W/O）：水溶液为分散相，油溶液为分散介质。

② 水包油型乳剂（O/W）：油为分散相，水或水溶液为分散介质。

（2）多重乳　有以下两种形式：W/O/W、O/W/O。

3. 乳剂的制备方法

（1）干胶法　制备时先将胶粉（乳化剂）与油混合均匀，加入一定量的水，研磨成初乳，再逐渐加水稀释至全量。

（2）湿胶法　制备时将胶粉（乳化剂）先溶于水中，制成胶浆作为水相，再将油相分次加于水相中，研磨成初乳，再加水至全量。

（3）油相水相混合加至乳化剂中　将一定量油、水混合；阿拉伯胶置乳钵中研细，再将油水混合液加入其中迅速研磨成初乳，再加水稀释。如松节油搽剂的制备。

（4）机械法　大量配制乳剂可用机械法。如乳匀机，超声波乳化器，胶体磨等。

4. 乳剂的质量评定

乳剂属热力学不稳定的非均相体系，有分层、絮凝、转相、破裂和酸败等现象。下列测定有助于对其质量加以评价：①测定乳滴大小；②分层现象的观察；③测定乳滴合并时间。

5. 鉴别

乳剂的类型可根据水或油的物理性质进行鉴别。方法有以下几种。

（1）稀释法　根据乳剂内相不能被外相液体稀释，而外相可以和外相液体随意混合的原理，O/W 型可以用水为分散溶媒任意稀释，取一滴，滴于水面，立即扩散混合。W/O 型不能被水稀释，取一滴，滴于水面，则小球状浮于水面。

（2）染色法　将油溶性染料如苏丹或水溶性染料如亚甲蓝，撒于乳剂上，根据分散均匀与否，确定为 W/O 或 O/W 乳剂。

（3）导电性试验　O/W 型能导电，而 W/O 型不导电。

（4）颜色　O/W 型乳剂通常为乳白色或洁白色，W/O 型颜色较深通常呈半透明蜡状。

三、实验内容

1. 鱼肝油乳的制备

【处方】

	鱼肝油	12.5mL
	阿拉伯胶粉	3.1g
	西黄蓍胶粉	0.2g
	水	适量
	全量	25mL

【制法】　取水约 6.2mL 与阿拉伯胶置干燥乳钵中，研匀后，缓缓逐滴加入鱼肝油，迅速向同一方向研磨，直至产生油相被撕裂成油球而乳化的劈裂声，继续研磨至少 1min，制成稠厚的初乳。然后加入西黄蓍胶浆（取西黄蓍胶置干燥的带刻度试管中，加乙醇几滴润湿后，一次加入水 5mL，强力振摇）与适量水，使成 25mL，搅匀，即得。

注：本实验采用湿胶法制备鱼肝油乳（O/W 型）。制备初乳时，应严格遵守油、水、胶的比例约为 4∶2∶1；研磨时应注意方向一致，由乳钵内部向外，再由外向内。

【用途】　维生素类药。

【贮藏】　遮光，满装，密封，在阴凉干燥处保存。

2. 石灰搽剂的制备

【处方】

	氢氧化钙溶液	5.0mL
	花生油	5.0mL

【制法】　取氢氧化钙溶液与植物油置具塞三角烧瓶中，用力振摇，使成乳状液，即得。

注：本处方系 W/O 型乳剂，乳化剂为氢氧化钙与花生油中所含的少量游离脂肪酸经皂化反应生成的钙皂。其他常见的植物油如菜油等均可代替花生油，因为这些油中也含有少量的游离脂肪酸。

3. 氢氧化钙溶液的制备

【处方】

	氢氧化钙	0.3g
	水	100mL

【制法】取氢氧化钙 0.3g，置锥形瓶内，加蒸馏水 100mL，密塞摇匀，时时剧烈振摇，放置 1h，即得。用时倾取上层澄明液使用（本品为氢氧化钙的饱和溶液）。

【用途】 收敛、保护、润滑、止痛,用于轻度烫伤等。
【贮藏】 密封,在凉暗处保存。

4. 菜籽油乳剂的制备

【处方】
菜籽油	4g
阿拉伯胶	0.9g
西黄蓍胶	0.1g
0.1%糖精钠溶液	3mL
5%尼泊金乙酯溶液	0.2mL
蒸馏水	加至 13mL

【制法】将阿拉伯胶、西黄蓍胶,置于乳钵中,加入菜籽油略研使胶粉分散均匀,加水 2mL 迅速向同一方向研磨 1~2min,至发出吱吱声,即得初乳。再分别加入糖精钠溶液及尼泊金乙酯溶液,边加边研磨。最后加水至配制量,研匀即可。

【用途】用于胆系造影,以观察胆囊收缩和排空功能。

四、思考题

制备乳剂时根据什么选择乳化剂及其用量?

实验四 抗坏血酸注射液处方设计

一、实验目的

1. 学会如何用实验手段考察影响抗坏血酸稳定的因素及增加其稳定性的方法,从而初步掌握注射剂处方及工艺拟定的途径。
2. 自行设计 5%/2mL/支抗坏血酸注射液的处方及制备工艺。
3. 了解影响注射剂成品质量的因素。

二、基本原理

1. 注射液的概念

注射液指药物制成的供注入体内的灭菌溶液、乳浊液和混悬液,及供临用前配成溶液或混悬液的无菌粉末或浓缩液。

对于注射液质量的基本要求是:①无菌;②无热原;③澄明度;④安全性;⑤渗透压;⑥pH 值;⑦稳定性;⑧降压物质。

为达到上述要求,在制备注射液的过程中应尽量在避菌、避尘的条件下进行,注射用的原料药品及溶媒应严格要求,应符合国家药典规格,灭菌温度、时间要掌握好,要根据药品性质选择灭菌方法,产品既能灭菌安全,又能保持稳定。注射液的生产车间设施必须符合《药品生产质量管理规范》的要求,注射液的生产过程包括原辅料的准备、配制、灌封、灭菌、质量检查、包装等步骤。

2. 注射液的配制与过滤

(1) 注射液的配制方法

① 稀配:将全部原料药加到全量溶剂中,立即配成所需浓度,此法适于不易发生澄明度问题的原料配制。

② 浓配:对不易发生澄明度问题的原料,将全部原料药加到部分溶剂中配成浓溶液,过滤,或加活性炭加热处理后再稀释至需要的浓度。

(2) 药液过滤 有减压过滤、加压过滤以及高位自然滴滤等。过滤用具的种类较多,砂滤棒、压滤机等常用作初滤,再依次经垂熔玻璃滤器和微孔滤膜精滤,使药液澄明并除去微粒。

3. 药物的稳定性

药物的结构及其由此而决定的理化特征是药物及其制剂不稳定的根本原因,其不稳定性又受多种因素影响,但任何药物都有一个相对稳定的最佳条件,稳定制剂的处方拟定,就是要通过一系列的实验,找出影响的主要因素及这些因素中最稳定的条件,最终达到制剂疗效的稳定性和安全性。

维生素 C(Vitamin C 或 Ascorbic Acid)用于防治坏血病,促进创伤及骨折、预防冠心病等,临床应用十分广泛。维生素 C 在干燥状态下较稳定,但在潮湿状态或溶液中,其分子结构中的烯二醇结构被很快氧化,生成黄色双酮化合物,虽仍有药效,但会迅速进一步氧化、断裂、生成一系列有色的无效物质。

抗坏血酸不稳定的原因主要是分子中存在烯醇结构,溶液状态易于氧化,而影响氧化反应进行的主要因素是含氧量，金属离子、光线、温度、pH值等。针对维生素C溶液易氧化的特点，在注射液处方设计中应重点考虑怎样延缓药的氧化分解，通常采取如下措施。

① 除氧，尽量减少药物与空气的接触，在配液和灌封中通入惰性气体，常用高纯度的氮气和二氧化碳。

② 加抗氧剂。

③ 调节溶液pH在最稳定pH范围。

④ 加金属离子络合剂。金属离子对药物的氧化反应有强烈的催化作用，当维生素C溶液中含有0.0002mol/L铜离子时，其氧化速度可以增大10^4倍，故常用依地酸钠或依地酸钙钠络合金属离子。

三、实验内容

【处方】
维生素C	52g	
碳酸氢钠	24.2g	
亚硫酸氢钠	2.0g	
依地酸二钠	0.5g	
注射用水	加至1000mL	

【制法】

（1）原辅料质检与投料计算　供注射用的原料药与辅料必须经检验达到注射用原料标准才能使用。按处方计算投料量，如注射剂灭菌后含量下降，应酌情增加投料量。

（2）空安瓿的处理　空安瓿→锯口→圆口→灌水→热处理→洗涤→烘干

（3）注射液的配制　量取处方量80%的注射用水，通二氧化碳饱和，加依地酸二钠、维生素C使溶解，分次缓缓加入碳酸氢钠，搅拌使完全溶解，加焦亚硫酸钠溶解，搅拌均匀，调节药液pH5.8～6.2，添加二氧化碳饱和的注射用水至足量。用G_3垂熔漏斗预滤，再用0.22μm的微孔滤膜精滤。检查滤液澄明度。

（4）灌注与熔封　将过滤合格的药液，立即灌装于2mL安瓿中，通二氧化碳于安瓿上部空间，要求装量准确，药液不沾安瓿颈壁。随灌随封，熔封后的安瓿顶部应圆滑、无尖头、鼓泡或凹陷现象。

（5）灭菌与检漏　将灌封好的安瓿用100℃流通蒸汽灭菌15min。灭菌完毕立即将安瓿放入1%亚甲蓝水溶液中，剔除变色安瓿，将合格安瓿洗净、擦干，供质量检查。

注：

① 操作环境：由于注射剂直接注入人体组织或血管，吸收快，作用迅速，特别是静脉注射，无吸收过程，常用于抢救危重病人，所以对注射剂的生产原料、生产工艺和质量控制的要求都极其严格。注射剂的生产车间设施必须符合《药品生产质量管理规范》的要求，必须按生产工艺和产品质量的要求划分洁净级别：一般生产区、控制区、洁净区。控制区与洁净厂区内的空气中尘粒数。活微生物数、温度、湿度应符合有关规定。

② 安瓿与配制用具的处理：安瓿切割前须先经外观检查、清洁度试验、耐热、耐酸、耐碱性试验以及中性试验等。切割的长度应符合要求以利于洗涤和灌封；切割后断面须用火焰圆口，以免玻璃掉入安瓿内。为提高洗涤效果，在洗涤前安瓿内先灌入去离子水（或0.1%盐酸），经100℃蒸煮30min的热处理后，再趁热甩水，以滤净的去离子水（或蒸馏

水）灌洗数次。大生产时，1～2mL 小安瓿须经灌水机和甩水机反复数次操作，洗净的安瓿应立即烘干备用。

调配器具使用前，要用洗涤剂或硫酸清洁液处理洗净。临用前用新鲜注射用水荡洗或灭菌处理，不得引入杂质及热原。

③ 配液方法：有稀配法和浓配法两种，可根据原料纯度加以选用。

④ 灌封：灌注药液时尽量不使药液碰到安瓿颈口，以免封口时产生炭化和白点等。灌装后随即封口。手工熔封时，火焰应用调节至细而呈蓝色，待玻璃烧红后用镊子夹去顶部并在火焰中断丝。

⑤ 灭菌、检漏：封口后应及时灭菌，趁热放入亚甲蓝溶液中检漏。

⑥ 维生素 C 易氧化变色、含量下降，尤其当金属离子（特别是铜离子）存在时变化更快。故在处方中加入 $NaHSO_3$ 作抗氧剂，EDTA 作金属离子络合剂，并在药液内和灌封时均通 CO_2 气，尽量避免药液与金属器具接触，以减少氧化。

⑦ 惰性气体的使用：对维生素 C 等易氧化药物的注射液，除加入抗氧剂、金属离子络合剂等外，较有效的方法是在配液和灌封时通入高纯度氮气或二氧化碳等惰性气体。惰性气体应先通过洗气装置，除去微量杂质。

使用纯度较低的二氧化碳时，可将气体分别通过盛装浓硫酸，1%硫酸铜、1%高锰酸钾溶液的洗气瓶处理，以分别除去水分、硫化物、有机物和微生物，最后经注射用水洗气瓶除去可溶性杂质和二氧化硫。若惰性气体纯度较高时，只需通过甘油和注射用水洗涤即可。

氮气应依次通过碱式焦性没食子酸溶液和 10%高锰酸钾溶液（除去氧和有机物质）。

⑧ 为减少维生素 C 氧化变色，灭菌时间控制在 100℃、15min。

四、思考题

1. 分析影响注射剂澄明度的因素有哪些？
2. 用 $NaHCO_3$ 调节维生素 C 注射液的 pH 值，应注意什么问题？为什么？
3. 影响药物氧化的因素有哪些？如何防止？
4. 何谓注射用水？制备时主要采用哪些方法和设备？

实验五 乙酰水杨酸片的制备及其质量评定

一、实验目的
1. 通过乙酰水杨酸片的制备熟悉常用制片方法的工艺过程。
2. 了解片剂辅料对片剂质量的影响。
3. 掌握单冲压片机的使用方法及片剂质量的检查方法。

二、基本原理

（一）乙酰水杨酸片的制备

乙酰水杨酸难溶于水（25℃时溶解度为 0.33g/100mL），其固体粉末在微量水分或金属存在的条件下极易水解，影响制成片剂后的质量，因此在生产工艺上应采取相应的合理措施，以便制得稳定性好、疗效高的片剂。

根据乙酰水杨酸的性质，其片剂的生产工艺过程可分为以下过程。

① 辅料的处理：处方所列原辅料一般应根据其物理性质，选用不同的机械进行粉碎、过筛、混合等操作。乙酰水杨酸是多晶型药物，除粒状晶可直接压片外，针状晶或鳞片状晶则须粉碎成细粉，过筛（80～100 目），再与其他过筛成分混合均匀，实验室小量生产的粉碎工具一般采用研钵，混合操作则在等量递增混合基础上，反复通过 40 目筛三次即可达到混合均匀的目的。

② 湿法制粒：将上述备用的原辅料置于适当的容器中，加入适量黏合剂制成软材（其软硬程度以用手紧握能成团，手指轻压能散裂为宜），通过颗粒机或用手强压过筛就能制得均匀的颗粒。黏合剂的选择依据药物本身的结合能力而定，生产上广泛使用不同浓度的淀粉糊为黏合剂。乙酰水杨酸遇湿热不稳定，湿法制粒时可加入少量酒石酸或枸橼酸于软材中，以防乙酰水杨酸水解。

颗粒大小根据片大小由筛网孔径控制，一般大片（0.3～0.5g）选用 14～16 目，小片（0.3g 以下）选用 18～20 目筛制粒。

③ 干燥，整粒：已制备好的湿粒应尽快通风干燥，温度控制在 40～60℃。注意颗粒不要铺得太厚，以免干燥时间过长药物发热破坏，干燥后的颗粒常粘连结团，需再行过筛整粒，使结团颗粒分散，整粒后加入润滑剂混合均匀即可压片。

④ 压片：大量生产时，直接由原料用量计算理论片重，因此在生产过程中应尽可能减少物料损失。

⑤ 质量要求：含量准确，重量差异小，硬度适宜，色泽均匀，完整光洁，在规定贮藏期不得变质，崩解度和溶出度符合要求，符合微生物检查的要求。

（二）质量评定

1. 崩解时限检查法

崩解系指固体制剂在检查时限内全部崩解溶散或成碎粒，除不溶性包衣材料或破碎的胶囊壳外，应通过筛网。

本法系用于检查固体制剂在规定条件下的崩解情况。

凡规定检查溶出度或释放度的制剂，不再进行崩解时限检查。

仪器装置：采用升降式崩解仪，主要结构为一能升降的金属支架与下端镶有筛网的吊篮，并附有挡板。升降的金属支架上下移动距离为（55±2）mm，往返频率为每分钟30～32次。

吊篮：玻璃管6根，管长（77.5±2.5）mm；内径21.5mm，壁厚2mm；透明塑料板2块，直径90mm，厚6mm，板面有6个孔，孔径26mm；不锈钢板1块（放在上面一块塑料板上），直径90mm，厚1mm，板面有6个孔，孔径22mm；不锈钢丝筛网1张（放在下面一块塑料板下），直径90mm，筛孔内径2.0mm；以及不锈钢轴1根（固定在上面一块塑料板与不锈钢板上），长80mm。将上述玻璃管6根垂直于2块塑料板的孔中，并用3只螺钉将不锈钢板、塑料板和不锈钢丝筛网固定，即得。

挡板：为一平整光滑的透明塑料块，相对密度1.18～1.20，直径（20.7±0.15）mm，厚（9.5±0.15）mm；挡板共有5个孔，孔径2mm，中央1个孔，其余4个孔距中心6mm，各孔间距相等；挡板侧边有4个等距离的V形槽，V形槽上端宽9.5mm，深2.55mm，底部开口处的宽与深度均为1.6mm。

检查法：将吊篮通过上端的不锈钢轴悬挂于金属支架上，浸入1000mL烧杯中，并调节吊篮位置使其下降时筛网距烧杯底部25mm，烧杯内盛有温度为37℃±1℃的水，调节水位高度使吊篮上升时筛网在水面下25mm处。

除另有规定外，取供试品6片，分别置上述吊篮的玻璃管中，加挡板，启动崩解仪进行检查，药材原粉片各片均应在30min内全部崩解；浸膏（半浸膏）片、糖衣片各片均应在1h内全部崩解。如有1片不能完全崩解，应另取6片复试，均应符合规定。

薄膜衣片按上述装置与方法检查，可改在盐酸溶液（9→1000）中进行检查，应在1h内全部崩解。如有1片不能完全崩解，应另取6片复试，均应符合规定。

肠溶衣片，按上述装置与方法检查，先在盐酸溶液（9→1000）中检查2h，每片均不得有裂缝、崩解或软化现象；继将吊篮取出，用少量水洗涤后，每管各加挡板一块，再按上述方法在磷酸盐缓冲液（pH6.8）中进行检查，1h内应全部崩解。如有1片不能完全崩解，应另取6片复试，均应符合规定。

泡腾片取1片，置250mL烧杯中，烧杯内盛有200mL水，水温为15～25℃，有许多气泡放出，当片剂或碎片周围的气体停止逸出时，片剂应崩解、溶解或分散在水中，无聚集的颗粒剩留，除另有规定外，按上述方法检查6片，各片均应在5min内崩解。

凡含有药材浸膏、树脂、油脂或大量糊化淀粉的片剂，如有小部分颗粒状物未通过筛网，但已软化无硬心者，可作合格论。

2. 药物溶出度测定法

溶出度系指药物从片剂或胶囊剂等固体制剂在规定溶剂中溶出的速度和程度。凡检查溶出度的制剂，不再进行崩解时限的检查。

第一法：仪器装置①转篮分篮体与篮轴两部分，均为不锈钢金属材料制成。篮体A由不锈钢丝网（丝径为0.254mm，孔径0.425mm）焊接而成，呈圆柱形，内径为（22.2±1.0）mm，上下两端都有金属边缘。篮轴B的直径为9.4～10.1mm，轴的末端连一金属片，作为转篮的盖；盖上有通气孔（孔径2.0mm）；盖边系两层，上层外径与转篮外径同，下层直径与转篮内径同；盖上的三个弹簧片与中心呈120°角。转篮旋转时摆动幅度不得超过±1.0mm。②操作容器为1000mL的圆底烧杯，内径为98～106mm，高160～175mm；烧杯上有一个有机玻璃盖，盖上有2孔，中心孔为篮轴的位置，另一孔供取样或测温度用。为使操作容器保持恒温，应外套水浴；水浴的温度应能使容器内溶剂的温度保持在37℃±0.5℃。转篮底部离烧杯底部的距离为（25±2）mm。③电动机与篮轴相连，转速可任意调节在50～200r/min，稳速误差不超过±4%。运转时整套装置应保持平稳，不得晃动或振动。④仪器应装有6套操作装置，可一次测定6份供试品。取样点位置应在转篮上端距液面中间，离烧杯壁10mm处。

测定法：除另有规定外，量取经脱气处理的溶剂900mL，注入每个操作容器内，加温使溶剂温度保持在37℃±0.5℃，调整转速使其稳定。取供试品6片（个），分别投入6个转篮内，将转篮降入容器中，立即开始计时，除另有规定外，至45min时，在规定取样点吸取溶液适量，立即经0.8μm微孔滤膜滤过，自取样至滤过应在30s内完成。取滤液，照各药品项下规定的方法测定，算出每片（个）的溶出量。结果判断6片（个）中每片（个）的溶出量，按标示含量计算，均应不低于规定限度（Q）；除另有规定外，限度（Q）为标示含量的70%。如6片（个）中仅有1～2片（个）低于规定限度，但不低于$Q-10\%$，且其平均溶出量不低于规定限度时，仍可判为符合规定。如6片（个）中有1片（个）低于$Q-10\%$，应另取6片（个）复试；初试、复试的12片（个）中仅有1～2片（个）低于$Q-10\%$，且其平均溶出量不低于规定限度时，亦可判为符合规定。供试品的取用量如为2片（个）或2片（个）以上时，算出每片（个）的溶出量，均不得低于规定限度（Q）；不再复试。

第二法：仪器装置 除将转篮换成搅拌桨A外，其他装置和要求与第一法同。搅拌桨由不锈钢金属材料制成。旋转时摆动幅度A、B不得超过±0.5mm。取样点应在桨叶上端距液面中间，离烧杯壁10mm处。

测定法：除另有规定外，量取经脱气处理的溶剂900mL，注入每个操作容器内，加温使溶剂温度保持在（37±0.5）℃。取供试品6片（个），分别投入6个操作容器内（用于胶囊剂测定时，如胶囊上浮，可用一小段耐腐蚀的金属线轻绕于胶囊外壳），立即启动旋转并开始计时，除另有规定外，至45min时，在规定取样点吸取溶液适量，立即经0.8μm微孔滤膜滤过，自取样至滤过应在30s内完成。取滤液，照各药品项下规定的方法测定，算出每片（个）的溶出量。结果判断同第一法。

第三法（小杯法）：仪器装置①搅拌桨 由不锈钢制成；桨杆上部直径为9.4～10.1mm，桨杆下部直径为（6.0±0.2）mm，旋转时摆动幅度A、B不得超过±0.5mm，取样点应在桨叶上端距液面中间，离烧杯壁6mm处。桨叶底部离烧杯底部的距离为15±1mm。②操作容器为250mL的圆底烧杯，内径为（62±3）mm，高为（126±6）mm，烧杯上有一个有机玻璃盖，盖上有一开口，为放置搅拌桨、取样及测温用。其他要求同第一法②。③电动机与桨杆相连，转速可任意调节在25～100r/min，稳速误差不超过±1r/min。转动时整套装置应保持平稳，不得晃动或振动。

测定法：除另有规定外，量取经脱气处理的溶剂100～250mL注入每个操作容器内，以下操作同第二法。结果判断同第一法。

3. 药物硬度检查方法

片剂的硬度表示片剂经包装、运输后，仍能保持外形完整的一种抵抗强度，除手工检查外,还可以在四用仪的硬度计上测定,即将片剂测立于固定底板和活动柱头之间,通过螺旋的作用,使连续活动柱头的弹簧,加压于待测片剂,片剂破裂时仪器所表示的压力,即为片剂硬度指标。每种处方各检查6片,以平均值代表。

4. 片重差异检查

片剂量差异的限度:应符合以下有关规定。

平均重量	重量差异限度
0.30g 以下	±7.5％
0.30g 或 0.30g 以上	±5％

检查法取药片20片,精密称定总重量,求得平均片重后,再分别精密称定各片的重量。每片重量与平均重相比较(凡无含量测定片剂,每片重量应与标示片重量比较),超出重量差异限度的药片不多于2片,并不得有1片超出限度的一倍。

三、实验内容

(一)制备乙酰水杨酸片

1. 湿法制粒

【处方】处方Ⅰ:

乙酰水杨酸	20g
淀粉	2g
酒石酸或枸橼酸	0.2g
10％淀粉糊	2mL
滑石粉	适量

【制法】先将乙酰水杨酸在研钵中研磨,将0.2g枸橼酸溶于水并与淀粉制成10％淀粉糊,取乙酰水杨酸细粉与淀粉混合均匀,加淀粉糊制成软材,用14～16目筛制成颗粒,于40～60℃干燥,用12～14目筛整粒加入滑石粉1.5g作润滑剂混合均匀后压片。

2. 直接压片

选取20～40目的粒状乙酰水杨酸原料,按下述处方加入不同的辅料混匀直接压片。

成分	处方Ⅱ	处方Ⅲ
乙酰水杨酸/g	30	30
淀粉/g	2.4	1.5
微晶纤维/g	—	0.9

(二)质量检查

1. 主药含量检查

(1)绘制乙酰水杨酸标准曲线 精密称取乙酰水杨酸结晶(分析纯)250mg,悬浮于250mL蒸馏水中,在40～50℃水浴中加热,振摇溶解,冷却后稀释至500mL。精密吸取1mL、2mL、3mL、4mL、5mL分别置于50mL容量瓶中,加25mL蒸馏水,用0.1mol/L氢氧化钠溶液调至pH9～10,在沸水浴中加热,水解5min,冷却至室温,用0.1mol/L氯化铵调pH3～4,加入硝酸铁试剂5滴显色,加水至50mL,摇匀,在540nm处测定光密度,绘制乙酰水杨酸标准曲线。

取10片已检查合格的乙酰水杨酸片,研成细粉,精密取约一片量细粉,悬浮于约600mL蒸馏水中,在40～50℃水浴中不断搅拌溶解15～20min后,冷却,补足蒸馏水至

1000mL，摇匀，过滤，精密量取 5mL 于 50mL 容量瓶中，加 25mL 蒸馏水，其他同乙酰水杨酸标准曲线操作。

（2）**溶出速率检测** 取人工胃液 1000mL 预热至 37℃，再置于恒温水浴中继续保持 37℃±1℃，精密称取待测片剂 1 片放入转篮浸入恒温的人工胃液后，仪器立即以 100r/min 的速度运转 30min，精密量取滤液 5mL 于 50mL 容量瓶中，加 25mL 蒸馏水，其他同乙酰水杨酸标准曲线操作。

附注：人工胃液的制备。取稀盐酸 16.4mL，加水约 800mL 与胃蛋白酶 10g，摇匀后，加水稀释成 1000mL，即得。

（3）**游离水杨酸的检查** 精密称取上述各项检查合格的乙酰水杨酸片细粉 0.5g，快速加无水乙醇少量（约 2mL），振摇，立即加 pH4～5 的缓冲液至 50mL 混匀立即过滤，弃去初滤液约 10mL，然后精密量取 2mL 滤液，用同样的缓冲液稀释至 10mL，在 296.5nm 波长处测定光密度（从溶样到测定的全部操作应控制在 10min 内）。

2. 崩解度、硬度及片重差异检查

参照基本原理中相应方法进行。

四、实验结果

将实验结果填入下表。

检查项目 处方	片重差异限度	硬度/千克	崩解度/min	溶出速率/%	游离水杨酸含量/%	主药含量/%
Ⅰ						
Ⅱ						
Ⅲ						

五、思考题

1. 根据乙酰水杨酸片的各项质量指标检查的结果，哪些指标最能体现乙酰水杨酸片的质量？

2. 湿法制粒制备乙酰水杨酸片为何加枸橼酸？可否加硬脂酸镁作为润滑剂？

实验六 硬胶囊剂的制备

一、实验目的
1. 掌握硬胶囊制备的一般工艺过程,用胶囊板手工填充胶囊的方法。
2. 掌握硬胶囊剂的质量检查内容及方法。

二、基本原理
硬胶囊剂系指将药物盛装于硬质空胶囊中制成的固体制剂。

药物的填充形式包括粉末、颗粒、微丸等,填充方法有手工填充与机械灌装两种。硬胶囊剂制备的关键在于药物的填充,以保障药物剂量均匀,装量差异合乎要求。

药物的流动性是影响填充均匀性的主要因素,对于流动性差的药物,需加入适宜辅料或制成颗粒以增加流动性,减少分层。本次实验采用湿法制粒:加入黏合剂将药物粉末制得颗粒后,采用胶囊板手工填充,将药物颗粒装入胶囊中即得。

制得硬胶囊按《中华人民共和国药典》胶囊剂通则中有关规定进行质量检查。

1. 装量差异

胶囊剂的装量差限度,应符合以下规定。

平均数量	装量差异限度
0.30g 以下	±10%
0.30g 或 0.30g 以上	±7.5%

检查法除另有规定外,取供试品 20 粒,分别精密称定重量后,倾出内容物(不得损失囊壳);硬胶囊用小或其他适宜的用具拭净,软胶囊用乙醚等易挥发性溶剂洗净。置通风处使溶剂挥尽;再分别精密称定囊壳重量,求出每粒内容物的装量与平均装量。每粒的装量与平均装量相比较,超出差异限度的胶囊不得多于 2 粒,并不得有 1 粒超出限度 1 倍。

2. 崩解时限

硬胶囊剂,除另有规定外,取供试品 6 粒,照片剂崩解时限项下的方法检查,各粒均应在 30min 内全部崩解并通过筛网(囊壳碎片除外)如有 1 粒不能全部通过筛网,应另取 6 粒复试,均应符合规定。软胶囊剂可改在人工胃液中进行检查,应符合规定。

三、实验内容
1. 药物颗粒的制备

【处方】
双氯灭痛(双氯芬酸钠)　　　3.75g
淀粉浆 10%　　　　　　　　　适量
淀粉　　　　　　　　　　　　30.0g

【制法】 将主药双氯灭痛研磨成粉末状,过 80 目筛,与淀粉混匀,以 10% 淀粉浆制软材,将软材过 20 目筛制湿颗粒,将湿颗粒于 60~70℃ 烘干,干颗粒用 20 目筛整粒,即得。

2. 硬胶囊的填充

采用有机玻璃制成的胶囊板填充。板分上下两层，上层有数百孔洞。

先将囊帽、囊身分开，囊身插入胶囊板孔洞中，调节上下层距离，使胶囊口与板面相平。将颗粒铺于板面，轻轻振动胶囊板，使颗粒填充均匀。填满每个胶囊后，将板面多余颗粒扫除，顶起囊身，套合囊帽，取出胶囊，即得。

四、实验结果

进行胶囊剂装量差异检查。

五、思考题

1. 胶囊剂的特点是什么？
2. 空胶囊的规格有哪些？应该如何储存？

实验七　颗粒剂的制备

一、实验目的
学习颗粒剂的制备方法。

二、基本原理
颗粒剂系指药材提取物与适宜的辅料或与药材细粉制成的颗粒状制剂。凡单剂量颗粒压制成块状的称块状冲剂。分为可溶性、悬浮性、泡腾性颗粒剂。

通常所说的颗粒剂是以中草药为原料，经提取后加入适量赋形剂或与药材细粉制成的干燥颗粒。服用时用开水冲服。常用的赋形剂有糊精/可溶性淀粉和糖粉等。

颗粒剂的制备工艺流程：药材提取-制粒-干燥-包装。

制备颗粒剂时如有挥发性成分应最后加入，在颗粒制成后，用溶解喷雾法加入，拌匀，即得。

颗粒剂在生产与贮藏期间均应符合下列有关规定。

① 配制颗粒剂时可加入适宜的辅料、矫味剂、芳香剂和着色剂等。

② 除另有规定外，药材应加工成片或段，按具体品种规定的方法提取，滤过，滤液浓缩至规定相对密度的清膏，加定量辅料或药材细粉，混匀，制成颗粒，干燥。加辅料量一般不超过清膏量的 5 倍。

③ 挥发油应均匀喷入干燥颗粒中，密闭至规定时间。

④ 颗粒剂应干燥、颗粒均匀、色泽一致，无吸潮、软化、结块、潮解等现象。

⑤ 除另有规定外，颗粒剂宜密封，置干燥处贮藏。

【粒度】除另有规定外，取单剂量包装的颗粒剂：袋（瓶）或多剂量包装颗粒剂 1 包（瓶），称定重量，置药筛内过筛，过筛时，将筛保持水平状态，左右往返轻轻筛动 3min。不能通过一号筛和能通过四号筛的颗粒和粉末总和，不得超过 8.0%。

【水分】①颗粒剂取供试品，照水分测定法测定。除另有规定外，不得超过 5.0%。

② 块状冲剂取供试品，破碎成直径约 3mm 的颗粒，照水分测定法（附录Ⅸ H）测定。除另有规定外，不得过 3.0%。

【溶化性】取供试品（颗粒剂 10g，块状冲剂一块，称定重量），加热水 20 倍，搅拌 5min，可溶性颗粒应全部溶化，允许有轻微浑浊；悬浮性颗粒剂应能混悬均匀，并均不得有焦屑等异物；泡腾性颗粒剂遇水时应立即产生二氧化碳气并呈泡腾状。

【硬度】取供试品 5 块，从 1m 高处平坠于厚度 2cm 松木板上，不得有一块破碎（缺角、缺边不作破碎论）。

【装量差异】块状冲剂的重量差异限度应符合下表规定。

标示装量	重量差异限度
1.5g 以上至 6g	±7%
6g 以上	±5%

单剂量包装的颗粒剂装量差异限度应符合下表规定。

标示装量	重量差异限度
1.0g 或 1.0g 以下	±10%
1.0g 以上至 1.5g	±8%
1.5g 以上至 6g	±7%
6g 以上	±5%

检查法：取供试品 10 袋（瓶），分别称定每袋（瓶）内容物的重量，每袋（瓶）的重量与标示装量相比较（有含量测定项的颗粒剂与平均装量相比较），超出限度的不得多于 2 袋（瓶），并不得有 1 袋（瓶）超出限度一倍。

非单剂量大规格包装的颗粒剂不检查装量差异。

块状冲剂应符合以下规定。

【重量差异】块状冲剂的重量差异限度应符合上表规定。

检查法：取供试品 10 块，分别称定每块内容物的重量，每块的重量与标示重量相比较（有含量测定项的颗粒剂与平均装量相比较），超出限度的不得多于 2 块，并不得有 1 块超出限度一倍。

三、实验内容

感冒退热颗粒剂的制备。

1. 处方

大青叶 100g、连翘 50g、板蓝根 100g、草河车 50g、赋形剂（乙醇、糖粉、糊精）适量。

2. 制备

（1）煎煮　取以上四味药煮两次，每次加水 8 倍量，每次煮 1.5h，过滤。

（2）浓缩　二次滤液合并常压浓缩至 1（每 1mL 相当于 1g），密度为 1.08g/mL。

（3）酒沉　浓缩液加一倍量 95% 乙醇，边加边搅拌，静置 24h，过滤，滤液回收醇并继续浓缩至 1：（4～5）（每毫升相当于原药材 4～5g），密度约 1.24g/mL。

（4）制粒　以浸膏：糖粉：糊精＝1：3：1.52，均匀混合，用适量 95% 乙醇湿润制成软材，经 10～12 目网筛，制颗粒，湿粒于 60℃ 左右烘干即得。

（5）包装　塑料袋密封，每袋 18g（相当于原生药 24g）。

3. 用途、用法

主治上呼吸道感染、扁桃体炎、咽喉炎。日服三次。每次一袋，体温 38℃ 以上者每日服四次，一次两袋。

四、思考题

1. 实验操作过程中有哪些注意事项？
2. 欲制成合格的颗粒剂还可按哪种工艺制备？

实验八 蜜丸的制备

一、实验目的
1. 了解蜂蜜炼制的目的。
2. 熟悉不同的炼蜜种类的适用对象。
3. 掌握塑制法制备蜜丸的基本过程。

二、基本原理

1. 基本概念

丸剂是指药材细粉或药材提取物加适宜的黏合辅料制成的球形或类球片形制剂。分为：蜜丸、水蜜丸、水丸、糊丸、浓缩丸和微丸等类型。往往由于医疗上的作用和用途不同，其制法和组成等要求也不相同。这类制剂在医疗实践中应用甚广。

蜜丸：中药或西药制剂的一种，把药物研成粉末跟水、蜂蜜或淀粉糊混合团成丸状。其中每丸质量在 0.5g（含 0.5g）以上的称大蜜丸。每丸质量在 0.5g 以下的称小蜜丸。如"安宫牛黄丸"、"琥珀抱龙丸"、"八珍益母丸"、"人参养荣丸"等。

水蜜丸：是指药物细粉以蜂蜜和水为黏合剂制成的丸剂。

水丸：水丸也叫水泛丸，是指将药物细粉用冷开水、药汁或其他液体（黄酒、醋或糖液）为黏合剂制成的小球形干燥丸剂。因其黏合剂为水溶性的，服用后易崩解吸收，显效较快。如"木香顺气丸"、"加味保和丸"等。

浓缩丸：浓缩丸又称"膏药丸"，是指将部分药物的提取液浓缩成膏与某些药物的细粉，以水、蜂蜜或蜂蜜和水为黏合剂制成的丸剂。"安神补心丸"、"舒肝止痛丸"等。

糊丸：是指药物细粉以米粉、米糊或面糊等为黏合剂制成的丸剂。

蜡丸：是指药物细粉以蜂蜡为黏合剂制成的丸剂。

2. 蜜的炼制

蜜丸是由一种或多种药物粉末与经炼制过的蜂蜜混合而制成的球形内服固体制剂。性柔软，作用缓和，多用于慢性病和需要滋补的疾患。蜜丸的制法分炼蜜、合药、制条、成丸、包装、储存等步骤。

对蜂蜜的选择与炼制是保证蜜丸质量的关键。一般以乳白色和淡黄色，味甜而香、无杂质，稠如凝脂油性大，含水分少为好。但由于来源、产地、气候等关系，其质量不一致，北方产的蜂蜜一般水分较少，其中以荆条蜜，枣花蜜为优，而南方产的蜂蜜一般含水分较多。

炼蜜的目的是除去杂质，破坏酵素，杀死微生物，蒸发水分，增强黏性。其方法是：小量生产可用铜锅或锅直火加热，文火炼；大量生产可用蒸汽夹层锅，减压蒸发浓缩锅进行炼制，最后滤除杂质。炼蜜的程度分为嫩蜜、炼蜜、老蜜三种。

嫩蜜：将蜜加热至沸，温度达 105~115℃，含水量 17%~20%，相对密度 1.34，颜色无明显变化，稍有黏性；失去水分约 3%。适用于含有较多脂肪、淀粉、黏液质、糖类及含动物组织的方剂。蜜用量 50%，下蜜温度 40~50℃，如制备全鹿丸、天王补心丹。

炼蜜：将嫩蜜继续加热，其温度可达 116~118℃，含水量 14%~16%，相对密度

1.37，炼制时出现均匀的淡黄色细气泡，有黏性但不能拉出长白丝。用手拈之黏性较强，但无白丝，失去水分约13%，用于含纤维质、淀粉、糖类以及部分油质的方剂。用量100%，下蜜温度70～80℃，如制备养血归脾丸、六味地黄丸。

老蜜：炼蜜继续加热至呈棕红色，有红色光泽，用手拈之甚黏手，蜜温达119～122℃，含水量10%以下，相对密度达到1.40，炼制时呈现较大的红棕色气泡，黏性大，能拉出长白丝，泡沫呈龟板状或牛眼泡状，能滴水成珠，可挂旗。适用于含多量纤维素、矿物质的方剂。用量100%～200%，下蜜温度90℃以上，可趁热下蜜，如制备银翘解毒丸、再造丸。

3. 制备蜜丸常发生的问题及其原因

（1）表面粗糙　含燥性药材过多，药粉过粗，加蜜量不够、混合不匀及润滑剂用量不匀。

（2）蜜丸变硬　用蜜量不足，蜜温过低，蜜过老，胶类药物多冷后变硬。

（3）皱皮　蜜过嫩，水多，吸潮，润滑剂使用不当所致。

（4）返砂　蜜质量不好，合坨不匀，炼制不到程度，糖结晶析出。

（5）空心　揉搓不够所致。

（6）发霉或生虫　炮制不干净，制备过程污染，包装不严等。

三、实验内容

1. 八珍丸的制备

【处方】党参100g、白术100g、茯苓100g、甘草100g、当归100g、白芍100g、川芎100g、熟地黄100g。

【制法】

① 以上八味粉碎成细粉过80目筛备用。

② 炼蜜：称取一定量的蜂蜜于蒸发皿中加热至沸（如有杂质可过滤），继续炼制成炼蜜程度，捞去漂浮的泡沫带有光泽即可。

③ 合坨，亦为制铁材，按不同的物料性质决定炼蜜的用量和下蜜温度。药粉与炼蜜的比例一般为1:1或1:5也有不足1:1的，要根据药物性质及季节不同而异。一般含糖类、油脂类的中草药用蜜少。含纤维素较多和质地疏松的药物用蜜量多。夏季用蜜量少，冬季用蜜量多。均匀地揉和，做成像面团样丸块（在搅拌机中机械混合或在其他容器中人工混合）。合药时，蜂蜜一般趁热加入（如含有胶质，树脂或挥发性成分需待炼蜜稍冷后再加入混合），充分和匀，使其内外全部滋润，色泽一致，软硬适中，能随意捏塑即可。

④ 制条，成丸。

将合好的面团样软材放置一定时间，使药料与蜂蜜成分混合滋润，并产生一定黏性后即可搓条，搓条要粗细一致，外表光滑。即可用手工或制丸板做成一定量的、光滑的、圆球形丸粒，大量生产可用机械制丸。

制丸时，先将药团块称重，以便分计量准确，即按每次所需制成丸粒的数目与每丸的总量进行计算，按计算量称取团块再搓条，制成预计数目的丸粒，搓丸条的长短可依丸粒大小来定，丸条搓好后再分割成小段，再搓圆成球形即可。

为避免药团粘手和粘器具，操作时可用适量的润滑剂。润滑剂可用甘油或麻油（花生油）500g，蜂蜡95g，加热熔化而成。夏季蜂蜡可适当多加一点。

⑤ 包装与贮藏：制成的蜜丸，可采用蜡纸、玻璃纸、塑料袋、蜡壳包好，并注明品名、批号、规格，储存于阴凉干燥处。

⑥ 质量检查

外观：圆整，表面致密滋润，无可见纤维及其他异色点。

丸重差异检查：应符合规定。

细菌学检查：应符合卫生标准。

2. 山楂丸的制备

【处方】　山楂　　　　60g（粉碎后取50g粉）

　　　　　六神曲　　　15g

　　　　　麦芽　　　　15g

【制法】　将处方中三味药粉碎，过筛（80～100目），混匀。另取蔗糖20g，加水9mL后与炼蜜20g混合炼至相对密度约1.38（70℃测）时，与上述粉末合坨。

称取药坨36g，用搓条板搓成条形，其长度与搓丸板上两条细凹道相抵，将搓丸板涂上润滑剂，将条置板上，用力反复搓动，即得。

将所制丸剂用蜡纸包装。

【贮藏】　遮光，密封，在凉处保存。

【用途】开胃消食。用于食欲不振，消化不良，胃脘胀满。

参　考　文　献

[1] 高健主编. 药剂学实验与指导. 北京：人民出版社，2007.

[2] 周建平主编. 药剂学实验与指导. 北京：中国医药科技出版社，2007.

[3] 张健泓主编. 药剂学实验. 北京：中国医药科技出版社，2010.

[4] 崔福德主编. 药剂学实验指导. 第2版. 北京：人民卫生出版社2007.

[5] 林宁主编. 药剂学实验. 北京：中国医药科技出版社，1998.

第六章　药理学实验

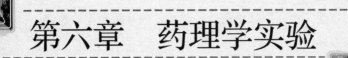

药理学实验是药理学教学的重要组成部分，其目的是通过实验使同学们所学的基本理论和基本知识得到进一步验证和理解。通过药理学实验课程的学习，要求同学们掌握药物剂量的计算、实验动物的选择和动物麻醉的方法；掌握常用实验仪器的正确使用；掌握常用生物电信号的观察方法与药物作用分析。熟悉一些常用实验模型的制备方法。在完成实验的基础上，整理实验结果，写出实验报告，通过以上过程培养学生提出问题、分析问题和解决问题的能力以及严谨的科学态度和从事科学实验的基本素质。

实验一　磺胺嘧啶一次性静脉给药后药时曲线的制作

一、实验目的

观察磺胺嘧啶一次性静脉给药后血药浓度随时间变化的规律。

二、实验原理

在酸性环境下磺胺类药物其苯环上的氨基（—NH_2）将被离子化而生成铵类化合物（—NH^{3+}）。后者与亚硝酸钠反应发生重氮化反应进而生成重氮盐（—$N\!\!=\!\!N^+$—）。该化合物在碱性条件下可与麝香草酚生成橙黄色化合物。在525nm波长下比色，其光密度与磺胺嘧啶的浓度成正比。根据上述实验原理，在给受试家兔一次静脉注射磺胺嘧啶后，于不同时间点采集静脉血，采用比色法对样品中磺胺嘧啶的血药浓度进行定量分析，并以血药浓度为纵坐标，对相应时间为横坐标作图，从而获得磺胺嘧啶的静脉给药后的药时曲线。

三、实验材料

3kg左右家兔一只、20%磺胺嘧啶（sulfadiazine，SD）、7.5%三氯醋酸、0.1%SD标准液、0.5%亚硝酸钠、0.5%麝香草酚（用20%NaOH配制）、1000U/mL肝素生理盐水、3%戊巴比妥钠、蒸馏水、721分光光度计、离心机、磅秤、手术器械、动脉夹、尼龙插管（或玻璃插管、硅胶管）、兔手术台、注射器及针头、移液器（0.01～1mL）、试管、离心管、记号笔。

四、实验方法

（1）麻醉　全麻或局麻。取家兔一只（实验前12h禁食不禁水），记录体重、性别，耳缘静脉注射3%戊巴比妥钠0.8～1.0mL/kg麻醉，仰位固定于兔手术台上。

（2）手术　颈部手术区剪毛，切皮约6cm左右，钝性分离皮下组织和肌肉，气管插管，标记，分离颈总动脉约2～3cm左右，在其下穿两根细线，结扎远心端，保留近心端。

（3）给药　耳缘静脉注射1000U/mL肝素1mL/kg。

（4）插管　用动脉夹夹住动脉近心端，再于两线中间的一段动脉上剪一"V"形切口，插入尼龙管，用线结扎牢固，以备取血。

（5）取血　打开动脉夹放取空白血样0.4mL，分别放入1号管（空白管）和2号管（标准管）各0.2mL摇匀静置。而后静注20%SD 1.5mL/kg，分别于注射后1min、3min、5min、15min、30min、45min、60min、90min、120min时由动脉取血0.2mL加到含有7.5%三氯醋酸2.7mL的试管中摇匀。标准管加入0.1%SD标准液0.1mL，其余各管加蒸馏水0.1mL摇匀。

（6）显色　将上述各管离心5min（1500～2000r/min），取上清液1.5mL，加0.5%亚硝酸钠0.5mL，摇匀后，再加入0.5%麝香草酚1mL后溶液显橙色。

（7）测定　于分光光度计在525nm波长下测定各样品管的光密度值。

磺胺类药物血药浓度测定的步骤

试管	时间/min	7.5%三氯醋酸/mL	血液/mL	蒸馏水/mL	0.5%亚硝酸钠/mL		0.5%麝香草酚/mL	光密度	浓度/(μg/mL)
空白管	0	2.7	0.2	0.1	0.5	充分摇匀后离心5min，取上清液1.5mL	1	0	
标准管	0	2.7	0.2	标准液0.1	0.5		1		16.7
给药后	1	2.7	0.2	0.1	0.5		1		
	3	2.7	0.2	0.1	0.5		1		
	5	2.7	0.2	0.1	0.5	充分摇匀	1		
	15	2.7	0.2	0.1	0.5		1		
	30	2.7	0.2	0.1	0.5		1		
	45	2.7	0.2	0.1	0.5		1		
	60	2.7	0.2	0.1	0.5		1		
	90	2.7	0.2	0.1	0.5		1		
	120	2.7	0.2	0.1	0.5		1		

（8）计算血中药物浓度 根据同一种溶液浓度与光密度成正比的实验原理，通过空白血标准管浓度及其光密度值推算出样品管的磺胺药物浓度。公式如下：

$$样品管浓度(\mu g/mL) = \frac{样品管光密度(OD) \times 标准管浓度}{标准管光密度(OD')}$$

$$血药浓度(\mu g/mL) = 样品管浓度 \times 稀释倍数(15)$$

五、结果与处理

将所得实验数据填入表中，以血药浓度为纵坐标，时间为横坐标作图，绘制磺胺嘧啶的药时曲线。

六、注意事项

1. 每次取血前要先将插管中的残血放掉。
2. 每吸取一个血样时，必须更换吸量管，若只用一支吸量管时必须将其中的残液用生理盐水冲净。
3. 将血样加至三氯醋酸试管中应立即摇匀，否则易出现血凝。

七、思考题

一次性静脉给药后随时间变化血药浓度的变化规律是什么？

实验二 给药途径对药物作用的影响

一、实验目的
比较硫酸镁口服给药和注射给药的不同药理作用。

二、实验原理
给药途径不同，不仅影响到药物作用的快慢、强弱及维持时间的长短，有时还可改变药物作用的性质、产生不同的药理作用。硫酸镁口服基本不吸收而发挥容积性导泻作用，注射给药则吸收且产生抗惊厥作用。

三、实验材料
小白鼠、鼠笼、注射器、小鼠灌胃针头、小烧杯、10％硫酸镁溶液、3％～5％黄色苦味酸溶液等。

四、实验方法
1. 取小鼠2只，称重，3％～5％黄色苦味酸溶液涂于皮毛上标号，观察小鼠的一般活动情况。
2. 1号鼠肌内注射10％硫酸镁溶液0.1mL/10g；2号鼠灌胃给10％硫酸镁溶液0.1mL/10g。
3. 观察两只小鼠给药后行为活动等有何变化并记录填入下表。

小鼠给药后行为活动

	体重/g	给药途径	剂量/(mg/kg)	观察时间	呼吸	惊厥情况
1号						
2号						

五、思考题
常用的给药途径有哪几种？给药途径如何影响药效？

实验三　肝功能状态对药物作用的影响

一、实验目的
观察肝功能损害对药物作用的影响。

二、实验原理
肝脏是药物代谢的主要器官。戊巴比妥钠主要在肝内代谢失活，肝功能状态的好坏直接影响药物药理作用的强弱和维持时间，即入睡和睡眠持续的时间。四氯化碳对肝脏毒性较大，是建立中毒性肝脏损伤动物模型的工具药，可以此观察肝功能损害对药物作用的影响。

三、实验材料
小鼠6只、5%四氯化碳油溶液、0.3%戊巴比妥钠、生理盐水、注射器、鼠笼。

四、实验方法
取6只小鼠，称重、标记，3只于实验前50h皮下注射5%四氯化碳油溶液0.1mL/10g造模（甲组），另3只皮下注射等容积生理盐水作对照（乙组）。实验开始时，6只小鼠腹腔注射0.3%戊巴比妥钠0.15mL/10g，观察小鼠活动情况，记录小鼠入睡的时间（从给药到翻正反射消失）和睡眠持续时间（翻正反射消失到恢复）。

五、结果与处理
将结果填入下表。

肝功能状态对药物作用的影响

鼠号	体重/g	药物及剂量	入睡时间	睡眠持续时间
1				
2				
3				

综合全实验室结果做组间 t 检验。

六、注意事项
如果室温低于20℃，应给麻醉小鼠保暖，否则小鼠不易苏醒。

七、思考题
机体方面的因素如何影响药物的作用？

实验四　镁盐中毒及钙剂的拮抗作用

一、实验目的
观察药物的拮抗作用。

二、实验原理
高镁血症可改变神经肌肉组织兴奋性,阻断神经冲动的正常传递,引起骨骼肌松弛、呼吸肌麻痹、外周血管扩张、血压下降,并可引起中枢抑制、心脏传导紊乱和心室停搏。

钙离子可与镁离子竞争进入肌质网,并可直接作用于肌细胞。由镁引起的中枢神经抑制和肌神经接点处的传导阻滞,可被钙对抗,故钙可用于镁中毒的解救。

三、实验材料
小白鼠、鼠笼、小鼠灌胃器、1mL 注射器、10% 硫酸镁溶液、2.5% 氯化钙溶液、3%~5% 黄色苦味酸溶液、架盘天平、注射器、5# 针头、生理盐水。

四、实验方法
取小白鼠 2 只、称重、标记,观察动物正常活动情况,腹腔注射 10% 硫酸镁溶液 0.2mL/10g,1 号小鼠立即腹腔注射 2.5% 氯化钙溶液 0.2mL/10g,2 号小鼠注射同体积的生理盐水。观察两小鼠给药后行为活动的变化。将结果填入下表。

药物剂量与药物作用的关系

鼠号	体重/g	给　药	动物的反应
1		①i.p. 10%硫酸镁 0.2mL/10g,立即②i.p. 2.5%$CaCl_2$ 0.2mL/10g	
2		①i.p. 10%硫酸镁 0.2mL/10g,立即②i.p. 生理盐水 0.2mL/10g	

五、思考题
1. 什么是药物的拮抗作用?氯化钙为何能拮抗硫酸镁?
2. 什么是药物的协同作用?协同作用包括哪几种?

实验五　药物剂量对药物作用的影响
（胰岛素过量的解救）

一、实验目的
了解药物剂量与药物作用的关系。

二、实验原理
使用药物不同剂量，如果相差较大，引起的效应多数情况下不同，胰岛素过量可使小鼠出现低血糖反应。

三、实验材料
小白鼠、鼠笼、注射器及针头、试剂瓶、天平、0.05U/mL胰岛素、5U/mL胰岛素、25%葡萄糖、3%～5%黄色苦味酸溶液、恒温器。

四、实验方法
1. 恒温器调至37～38℃。
2. 取小鼠3只，预先禁食12h，称重、标记。
3. 1号鼠腹腔注射0.05U/mL胰岛素0.2mL/10g，2号、3号鼠腹腔注射5U/mL胰岛素0.2mL/10g，放至恒温器，盖大烧杯，观察3只小鼠的反应。
4. 惊厥时2号鼠注射25%葡萄糖0.5mL，3号鼠不做任何处理，观察1号、2号、3号鼠的反应。将结果填入下表。

小鼠给药后行为活动

编号	体重/g	剂量/(mg/kg)	观察时间	呼吸	惊厥情况
1号					
2号					
3号					

五、思考题
药物剂量对药物有何影响？什么是药物的量效关系？

实验六　糖皮质激素对毛细血管通透性的影响

一、实验目的
观察药物的抗炎性渗出作用。

二、实验原理
醋酸作为化学致炎的刺激物质，腹腔注射后，可致动物腹腔毛细血管通透性增加，本实验通过测定静脉注射染料在腹腔内的渗出量，观察药物对毛细血管通透性的影响。

三、实验材料
小鼠、0.5%伊文思蓝溶液、0.6%冰醋酸、0.5%氢化可的松、生理盐水、721分光光度计、离心机等。

四、实验方法
取小鼠10只，称重后，随机分为两组，分别于皮下注射0.5%氢化可的松0.1mL/10g和等量生理盐水，30min后，两组小鼠均由尾静脉注射0.5%伊文思蓝0.1mL/10g，随即腹腔注射0.6%冰醋酸0.2mL/只。20min后，脱颈椎处死小鼠，剪开腹腔，用6mL生理盐水分数次洗涤腹腔，吸出洗涤液，加入生理盐水至10mL，3000r/min离心10min，取上清液，用721分光光度计于590nm波长处比色，在标准曲线上查出每只小鼠腹腔内渗出伊文思蓝的微克数。以对照组小鼠腹腔渗出的染料微克数为100%，按下列公式计算给药组小鼠腹腔抑制染料渗出的百分率，将结果记录于下表中。

$$渗出抑制百分率 = \frac{对照组伊文思蓝渗出量 - 受试药物组伊文思蓝渗出量}{对照组伊文思蓝渗出量} \times 100\%$$

毛细血管通透性率变化情况

组别	动物数	伊文思蓝量	伊文思蓝渗出量	渗出抑制百分率	备注
受试动物组					
生理盐水组					

五、注意事项
1. 剪开腹腔时注意勿损伤腹腔血管，以免因出血而影响比色结果。
2. 如有出血及洗液浑浊者，光密度将明显增加，应离心沉淀后再比色。

六、思考题
为何测定小鼠腹腔渗出的染料量可了解药物的抗炎性？

实验七 抗炎药物对大鼠足跖肿胀的影响

一、实验目的
熟悉致炎物质致大鼠后肢足跖炎症性肿胀模型的制作方法。

二、实验原理
角叉菜胶或鲜蛋清等致炎物质被注入大鼠后肢足跖后，可引起局部血管扩张，通透性增强，组织水肿等炎症反应，最后致足跖体积变大。吲哚美辛通过抑制前列腺素合成酶，减少致炎物质的释放而缓解或避免致炎物质的致炎作用。

三、实验材料
1. 动物：大鼠若干只，同一性别。
2. 药品：1%角叉菜胶溶液或10%鲜蛋清，1%吲哚美辛混悬液，生理盐水。
3. 器材：大鼠固定器，注射器，YLS-7A足趾容积测量仪，记号笔。

四、实验方法
1. 取大鼠2只，称重，做好标记。一只大鼠（甲，对照组）腹腔注射生理盐水 1mL/kg，另一只（乙）腹腔注射 1%吲哚美辛混悬液 1mL/kg。

2. 在鼠足某处用记号笔画线作为测量标线，将鼠足缓缓放入测量筒内，当水平面与鼠足上的测量标线重叠时，踏动脚踏开关，记录足趾容积。

3. 在乙鼠注射药物 15min 后，从右后足掌心向踝关节方向皮下注射 1%角叉菜胶溶液 0.1mL（或 10%鲜蛋清 0.1mL）。

4. 在注射致炎物后的 30min、60min、120min 和 180min 分别测量足趾容积。

5. 将致炎后的足趾容积减去致炎前足趾容积即为足跖肿胀度。

五、结果与处理
将所得数据填入下表内并加以比较得出结论，观察吲哚美辛的抗炎作用。

吲哚美辛对大鼠足跖肿胀的影响

鼠号	体重/g	药量/mL	正常右后足跖容积	致炎后足跖肿胀度/mL			
				30min	60min	120min	180min
甲							
乙							

六、注意事项
1. 1%角叉菜胶溶液需在临用前一天配制，4℃冰箱保存。
2. 体重 120~150g 的大鼠对致炎剂最敏感，肿胀度高，差异性小。
3. 测量时，应固定1人完成所有测量任务。
4. 注射致炎剂时注意药液勿外漏。

七、思考题
如何减小测定小鼠足跖体积的误差？

实验八　普萘洛尔对小鼠耐常压缺氧能力的作用

一、实验目的
1. 掌握普萘洛尔对心脏的作用。
2. 掌握异丙肾上腺素对心脏的作用。

二、实验原理
缺氧是临床极为常见的病理现象，机体对缺氧的耐受力取决于机体的代谢耗氧率和代谢能力。盐酸普萘洛尔为 β 受体阻断药，心脏上有 β 受体，盐酸普萘洛尔通过阻断 β 受体阻断使心脏活动减弱，（负性肌力）心率减慢，房室传导减慢心收缩力减弱；心输出量降低；心肌氧耗量降低，从而提高机体对缺氧的耐受力。硫酸异丙肾上腺素是 β 受体激动药，具正性肌力作用，其作用与盐酸普萘洛尔相反。

三、实验材料
小白鼠、天平、鼠笼、注射器、广口瓶、小鼠灌胃针头、秒表、0.1%盐酸普萘洛尔、0.1%硫酸异丙肾上腺素、生理盐水、钠石灰、3%～5%黄色苦味酸溶液等。

四、实验方法
1. 取3只小白鼠，3%～5%黄色苦味酸溶液涂于皮毛上标号并称重，观察正常活动情况。
2. 1、2号鼠皮下注射 0.1%硫酸异丙肾上腺素 0.2mL/10g，3号小鼠皮下注射等量生理盐水 0.2mL/10g。
3. 15min 后1号小鼠腹腔注射 0.1%盐酸普萘洛尔 0.2mL/10g，2号、3号鼠腹腔注射等量生理盐水。
4. 3min 后将三只小鼠放入内装 10g 新鲜钠石灰的广口瓶内，加盖密封，启动秒表，观察比较两只小鼠停止呼吸的时间。将实验结果记录入下表。

表1　普萘洛尔对小鼠耐常压缺氧能力的影响

鼠号	体重/g	药物	剂量/(mg/kg)	给药过程	时间	动物反应
1号						
2号						
3号						

五、思考题
普萘洛尔和异丙肾上腺素对心脏有何作用，二者对心脏的作用是否属于药物的拮抗作用？

实验九 药物镇痛实验（热板法）

一、实验目的

观察度冷丁（盐酸哌替啶）的镇痛作用。

二、实验原理

利用一定的温度刺激动物躯体的某一部位以产生疼痛反应。把小鼠放在事先加热到55℃的金属盘上，以舔后足为"疼痛"反应指标，以产生痛反应所需的时间为痛阈值。通过测定给药前后痛阈值的变化而反映药物的镇痛作用。

三、实验材料

小鼠（仅使用雌性小鼠）、0.4%盐酸哌替啶溶液、生理盐水、YLS-6A智能热板仪。

四、实验方法

将智能热板仪温设定为55℃，仪器升温至设定值后，取雌性小鼠若干只，逐一将小鼠置热板仪上，按下计时开关记录时间，观察小鼠对热刺激的反应，以小鼠舔后足作为痛觉指标，一旦出现舔后足动作，再次按下计时开关停止计时，立即将鼠取出。4min后重新测试，如果两次痛觉反应均发生在10～30s内，则为合格；痛觉反应小于10s或大于30s的小鼠视为过分敏感或迟钝，弃去。将合格鼠两次正常痛觉反应时间的均数算作给药前的平均痛觉反应时间。将挑选合格的小鼠4只称重、标记，分别给各小鼠下列药物。

甲组小鼠：2只，腹腔注射0.4%盐酸哌替啶溶液40mg/kg（0.1mL/10g）。

乙组小鼠：2只，腹腔注射0.1mL/10g生理盐水作对照。

分别在给药后5min、15min、30min、60min各测痛觉反应一次，如小鼠在60s内不出现痛觉反应，则按60s计取出实验鼠，不再继续刺激。

五、结果与处理

$$痛阈提高百分率(\%)=\frac{用药后痛觉反应时间(均值)-用药前痛觉反应时间(均值)}{用药前痛觉反应时间(均值)}\times100\%$$

以横坐标表示时间，纵坐标表示痛阈提高百分率，观察度冷丁的镇痛作用，根据给药后不同时间的痛阈提高百分率作图。

六、注意事项

1. 水浴温度必须稳定，保持在55℃±0.5℃。室温以15～20℃为宜。

2. 热板法小鼠个体差异较大，应选择痛阈值在10～30s之间的实验动物。作用较弱的镇痛药此法不太敏感。

3. 实验应选择雌性小鼠，因雄性小鼠在遇热时睾丸下降，阴囊触及热板反应过敏，易致跳跃，影响实验准确性。

4. 每次实验后应及时用抹布擦拭热板上的粪便。

七、思考题

本实验为什么选择痛阈值在10～30s之间的小白鼠？

实验十　泌尿系统药物实验——呋塞米对小鼠尿量及电解质的影响

一、实验目的
观察呋塞米（速尿）对小白鼠的利尿作用及对电解质排泄的影响。

二、实验原理
呋塞米属高效利尿剂，作用于髓袢升支粗段的皮质与髓质部，抑制Cl^-的主动转运及Na^+的被动重吸收，发挥强大的利尿作用；钠钾金属离子经火焰激发后，可发出特异光谱，钠受激发后发出黄光，波长为589nm，钾则呈红色，波长767nm。溶液中金属离子浓度越高，发射的光越强，两者呈正比关系。利用相应的滤光技术、光电检流仪可测定相应光的强度。根据标准液离子浓度可计算出样品中离子浓度（需要相应的滤波片）。

三、实验材料
1. 动物：小白鼠20～25g。
2. 药品：1%呋塞米，生理盐水。
3. 器材：小鼠代谢笼，注射器，6410火焰光度计。
4. 标准液的配制。

钠标准储存液（100mmol/L）的配制：精确称取干燥的氯化钠5.843g，以去离子水稀释至1000mL。

钾标准储存液（10mmol/L）的配制：精确称取干燥的氯化钾0.7456g，以去离子水稀释至1000mL。

钠、钾应用标准液（钠1.4mmol/L，钾0.04mmol/L）的配制：取上述钠储存液14mL，钾储存液4mL，混匀后用去离子水稀释至1000mL。

四、实验方法
1. 将动物随机分为两组：给药组及生理盐水对照组，每组取10只小白鼠。
2. 试验前给每只小白鼠水负荷（生理盐水0.5mL/10g灌胃），20min后给药组每只动物给予1%呋塞米0.1mL/10g i.p. 对照组给予等容量的生理盐水。注射后立即将小白鼠放入代谢笼，收集30min尿量。

五、尿钠、尿钾的测定
1. 仪器准备：调整火焰光度计，使其处于工作状态。
2. 标本稀释：取尿液0.1mL，去离子水9.9mL，将尿液用去离子水稀释100倍。
3. 标本测定：先用去离子水调节零点，然后测标准液，得到标准液的离子浓度读数，即$[Na^+]$、$[K^+]$分别为140mmol/L、4mmol/L。最后测待测样品，直接读出尿钠、尿钾的浓度。测定结束后，以去离子水冲洗管道，关机。

六、结果与处理
1. 按下式计算用呋塞米后排钠量及排钾量：

排出量(mg)＝所测离子读数(mmol/L)×尿量(L)×分子量(mg/mmol)×稀释倍数。

2. 制作表格比较给药组、对照组动物在尿量、排钠、排钾量上的区别。

附录一 药理学实验设计的基本原则及数据处理

一、药理学实验设计的基本原则
为保证药理学实验结果的客观性和可信性必须遵循以下基本原则。

1. 对照原则

药理实验必须设对照组。设置对照组是为了使观察指标通过对比发现处理因素所表现出的某种特异性变化，消除无关因素的影响。对照有多种形式，如空白对照（正常对照），即对照组不施加任何处理因素，但给予同体积的溶剂；模型对照，即制造病理模型，但不给予药物处理，给予同体积的溶剂；阳性对照，即给予相同适应证的公认有效药物，以监控实验条件；假手术对照，即除造成某种疾病模型的关键步骤外，所有手术操作均同模型对照组。自身对照，对照与实验均在同一实验对象进行，即同一个体处理前后的对照，如给药前后的对比等。若观察给药前后的指标变化，此种对照必须以指标本身对时间变化相对稳定为首要前提。

2. 随机原则

随机是指对实验对象的实验顺序和分组进行随机处理。在分组时，对实验对象进行随机分组，从而减少抽样误差；在施加多个处理因素时采用随机原则，可保证各组样本的条件基本一致，减少组间人为的误差。

3. 重复原则

"重复"在这里有两方面的含义，一是指实验结果的可再现性，二是指实验结果应该来自足够大的样本。样本越大，重复的次数越多，实验结果的误差越小，可信度越高。

二、药理学实验数据的分析处理
实验过程中，要对实验数据进行及时、客观的记录。凡是属于量反应的资料（可以用数值的变化来表示，如血压的高低、时间的长短、心率的快慢）均应以正确的单位和数值标定。凡是由曲线记录测量指标的实验，应尽量用曲线记录实验结果，在所记录的曲线中应标注有给药或刺激记号、时间记号等。为便于对实验结果进行分析、比较，多以各组数据的均值加减标准差来制表或绘图来表示实验结果，表格要有标题和说明，图要有图题和说明，如统计学显著性的表示等。制作表格及作图时，应注意以下几点。

① 表格应制三线表，表格中不用纵向线。一般按照组别、剂量、动物数、观测指标的顺序在表内由左至右填写。

② 作图时，通常是以实验观察指标的变化为纵坐标，以时间或给药剂量为横坐标而作图，例如呼吸曲线、肌肉收缩曲线等；横坐标、纵坐标轴均应加以标注，如药物剂量、时间单位、测量指标及单位等。

③ 实验数据若呈连续性变化，则以曲线形式体现实验结果，绘制经过各点的曲线或折线应光滑。

附录二 药理学实验的基本技能

一、动物的选择和准备

在药理学实验中，常根据实验目的和要求选用不同的动物。常用的动物有小白鼠、大白鼠、蛙、蟾蜍、豚鼠、兔、猫、狗等。选用动物的根据是该动物的某一组织或器官能满足实验要求，并符合精简节约的原则。同一类实验还可选用不同的动物。如离体肠管或子宫实验可选用兔、豚鼠、小白鼠或大白鼠。离体血管实验常用蛙的下肢血管和兔耳血管，也可选用大白鼠后肢血管及家兔主动脉条。离体心脏实验常选用蛙、兔，也可选用豚鼠。在体心脏实验选用蛙、兔、豚鼠、猫和狗。半数致死量用小白鼠。实验各种动物的特点如下。

① 青蛙和蟾蜍：其心脏在离体情况下，能有节律地搏动很久，因此常用于药物对心脏作用的实验。其坐骨神经腓肠肌标本可用来观察药物对周围神经、对横纹肌或对神经肌肉接头的作用。

② 小白鼠：适用于需大量动物的实验，如某些药物（包括抗肿瘤药）的筛选，半数致死量的测定，小白鼠也适用于避孕药的实验。

③ 大白鼠：较为常用。如抗炎实验，常用大白鼠的踝关节进行实验。大白鼠也可用于直接记录血压或做胆管插管，还常用于观察药物的亚急性和慢性毒性。

④ 豚鼠：因其对组胺敏感，并易于致敏，故常规用于筛选抗过敏药。如平喘药和抗组胺药实验。也常用于离体心房、心脏、肠实验。又因其对结核菌敏感，常用于抗结核病药的研究。由于豚鼠中耳和内耳的解剖特点，使其成为观察耳蜗微音器和迷路机能实验的最适宜动物。

⑤ 兔：易驯服，便于静脉注射和灌胃，常用于观察药物对心脏的作用，脑内埋藏电极可研究药物对中枢作用。由于兔体温比较敏感。常用于体温实验及热源检查，同时还适用于避孕药的实验。此外，它适用于呼吸系统、泌尿生殖系统、神经系统、感官以及血液和循环系统、动脉粥样硬化的实验。

⑥ 猫：猫的血压比较稳定，而兔的血压波动较大，故观察血压反应猫比兔好。猫也常用于心血管药和镇咳药的实验。

⑦ 狗：狗是记录血压、呼吸最常用的大动物，如降压药、升压抗休克药的实验，狗还适用于慢性实验。用手术做成胃瘘、肛瘘，以观察药物对胃肠蠕动和分泌的影响。

二、动物的捉拿和固定方法

① 蟾蜍或蛙：一般左手捉蛙，用食指和中指夹住左前肢，用拇指压住右前肢。将两下肢拉直，用无名指及小指夹住。

② 小白鼠：右手提起鼠尾，放在粗糙物（如鼠笼）上面，轻向后拉其尾，此时小鼠前肢抓住粗糙面不动；用左手拇指和食指捏住双耳及头部皮肤，无名指、小指和掌心夹其背部皮肤及尾部，便可将小鼠完全固定。腾出右手，可以给药。此外，也可单手捉持，难度较大，但速度快。先用拇指和食指抓住小鼠尾巴，用小指、无名指和手掌压住尾根部，再用腾出的拇指、食指及中指抓住鼠双耳及头部皮肤而固定。

③ 大白鼠：将大白鼠放在粗糙面上，用右手拉住其尾部，左手的拇指和食指捉其头

部，其余三指夹住背腹部。对于身重或凶狠咬人的大白鼠，可先以布巾包裹其身（露出口鼻），然后进行操作。

④ 家兔：右手抓住其颈部皮肤，将兔捉住（抓在面积越大，其吃重点越分散）。再以左手托住其臀部，将吃重点承托在左手。

三、动物麻醉

实验动物的麻醉，是机能实验中的重要问题。恰当的麻醉，可保证手术的成功和整个实验的顺利进行。实验动物的麻醉方法与人相似，可以分为全身麻醉和局部麻醉两大类。全身麻醉又分为吸入麻醉和非吸入麻醉两种。

1. 吸入麻醉法

常用药物有乙醚、氯仿和氟烷类等。

大鼠和小鼠：将动物扣在玻璃罩内或烧杯中，然后把含有定量麻醉药物棉球或纱布置入杯中，动物因吸入麻醉药蒸汽而被麻醉。

兔和猫：将动物置玻璃麻醉箱内，通过挤压瓶不断打气，使挤压瓶中麻醉药徐徐进入箱内，动物便渐渐被麻醉。

狗：将装有少许棉花的圆锥形麻醉口罩上的小孔滴入麻醉药。麻醉药的蒸气随呼吸进入狗体内产生麻醉。

2. 非吸入麻醉法（注射麻醉法）

非吸入性麻醉药可因动物和实验目的及手术经过等因素而不同。狗和兔的慢性手术一般用戊巴比妥钠麻醉，麻醉时间可持续 3h 左右，麻醉死亡率低。对大白鼠亦适用，麻醉时间可以持续 1h，但对小鼠的麻醉时间很短，不适宜长时间手术。

急性实验麻醉药的选择标准主要是平稳，对实验的结果无影响。戊巴比妥钠、巴比妥钠、异戊巴比妥钠、乌拉坦、氯醛糖等均适合。

非吸入麻醉药的给药方法，常用的是腹腔注射和静脉注射两种。小动物多用腹腔注射，大动物则常用静脉注射。静脉注射的原则是先在 1min 内注射完麻醉药总量的 3/4，如动物瞳孔收缩为原来的 1/4，肌肉松弛，呼吸稍慢，则所用的麻醉药已够量。如果麻醉剂量不足时，隔 1min 后注射少量，直至将总量注完为止。如果动物还未完全麻醉，隔 5min 可以再补充一些，以达到足够的麻醉深度。

如果麻醉后动物苏醒则要继续麻醉，可以视动物的情况，补充原来注射麻醉药全剂量的 1/4～1/2，最好作静脉注射，便于观察动物反应的情况，如果不是用静脉注入时，则宜小量补充，以免过量。

配制的浓度决定于药物的溶解度和动物的用药量。通常大动物每千克（kg）体重用药 1mL，小动物每 10g 体重用药 0.1mL，这样的实验目的是为了避免每次计算测量的困难，使用方便。

动物实验常用麻醉药的用法与用量见下表。

动物实验常用麻醉药的用法与用量

药物(常用溶液浓度)	动物	给药途径	剂量/(mg/kg)	麻醉维持时间和特点
戊巴比妥钠 （3%～5%）	犬、猫、兔	i.v. i.p. s.c.	25～40 30～40 50	2～4h,中途补充 5mg/kg,可维持 1h 以上,对呼吸、血压影响较小,肌肉松弛不完全,但麻醉稳定,常用
	豚鼠、大鼠、小鼠	i.p.	40～50	

续表

药物(常用溶液浓度)	动物	给药途径	剂量/(mg/kg)	麻醉维持时间和特点
异戊巴比妥钠 (阿米妥钠) 10%	兔、鼠	i.v. i.p.	40~50 30~100	约2~4h,对呼吸、血压影响小,肌松不全,麻醉不够稳定
硫喷妥钠 (5%)	犬、猫	i.v. i.p.	15~50 25~50	维持15~30min,i.v.宜缓,以免呼吸抑制。抑制呼吸严重,肌松不全
	兔	i.v. i.p.	13~80 50~80	
	大鼠	i.v. i.p.	50	
乌拉坦 (20%)	兔、猫	i.v. i.p. p.o.	900~1250 1000~1450	约2~4h,对心功能影响较小,对呼吸及生理神经反射抑制作用小,毒性小,较安全,但作用弱
	鼠	i.p. i.m.	1000~1500 1300	
	蛙	淋巴囊	2000	
苯巴比妥钠 (10%)	犬	i.v.	30~100 80~100	约8h,对呼吸血压影响较小,肌松不全,少用
	猫	i.v. i.m.	80~100	
氯醛糖 (2%)	犬	p.o. s.c. i.v.	100 100~150 60~100	约6h,对血压及神经反射影响小、安全,但肌松不全,听觉抑制不深,适宜于心血管药物实验
	猫	s.c. i.m.	15~80 34	
	兔	i.v.	50~100	
	大鼠	i.p.	50~80	

注:动物给药方式缩写:i.m.,肌内注射;i.v.,静脉注射;s.c.,皮下注射;i.p.,腹腔注射;p.o.,口服。

四、动物的给药及标记

1. 灌胃

① 小鼠灌胃法:小鼠固定后,使腹部朝上,颈部拉直,右手用带灌胃针头的注射器吸取药液(或事先将药液吸好),将针头从口交插入口腔,再从舌背进沿上腭进入食道。若遇阻力,应退出后再插,切不可用力过猛,防止损伤或误入气管导致动物死亡。小鼠灌胃量一般不超过 0.25mL/10g。

② 家兔灌胃法:需由二人合作进行。一个人取坐位,用两腿夹持兔身,双手分握一侧兔耳及前肢,固定头部,另一个人将开口器插入兔口内,压住舌头。由前一个固定开口器。取灌胃管从开口器中部小孔插入食道,插管时易误入气管,如插入气管可引起家兔剧烈挣扎和呼吸困难。也可将灌胃管的外端浸入水中,如有气泡吹出,表明插在气管内,此时应拔管重插。当判明灌胃管确实在食管内以后,取注射器连在灌胃管上,将药液推入,再推入少量空气使灌胃管中不致有药液残留。慢慢拔出灌胃管,取出开口器。

2. 注射法

① 腹腔注射:取小白鼠腹腔注射是以左手固定小白鼠,右手持注射器,取 30°~50°角度将针头向头端刺入腹腔,回抽,无回血再注射。进针部不宜太高,刺入不能太深,以免伤及内脏。

② 皮下注射:皮下注射法一般两人合作。一人左手抓住小鼠头部皮肤,右手拉住鼠尾;另一人左手提高背部皮肤,右手持住注射器(针头号同上),将针头刺入提起的皮下。

若一人操作，左手小指和手掌夹住鼠尾，拇指和食指提起背部皮肤，右手持注射器给药。小鼠一般用量为（0.05～0.25mL）/10g。

③ 静脉注射：家兔耳缘静脉注射，如两人合作，一人固定兔身。如一人操作则用兔固定箱。选用耳缘静脉，剪去粗毛，用酒精棉球涂擦或用手指轻弹耳壳，使血管扩张，以手指于耳缘根部压住耳缘静脉，待血管明显充盈以后，取抽好药液的注射器，从静脉近末梢处插入血管，如见到针头在血管内，便固定针头，注入药液。如果注射进入血管内，则畅通无阻，并可见到血液被冲走。如注射在皮下，则耳壳肿胀。注射完毕，立即用干棉球按在针眼上，将针拔出，并继续按压片刻，以防出血。抓小鼠方法类似腹腔注射，只是药液注射在肌肉内。每腿的注射量不宜超过0.1mL。

④ 尾静脉注射：将小鼠置于待置的固定筒内，使鼠尾外露，并用酒精或二甲苯棉球涂擦，或插入40～50℃温水中浸泡片刻，使尾部血管扩张。左手拉尾，选择扩张最明显的血管；右手持注射器（4～5号针头），将针头刺入血管，缓慢给药。如推注有阻力而且局部变白，说明针头不在血管内，应重新插入。穿刺时宜从近尾尖部1/3处静脉开始，以便重复向上移位注射。一般用药量为（0.1～0.2mL）/10g，不宜超过0.5mL/10g。

3. 实验动物的标记

大鼠、小鼠和白色家兔的标记常用3%～5%黄色苦味酸溶液涂于皮毛上标号。常用的方法：1号—左前腿、2号—左腰部、3号—左后腿、4号—头部、5号—正中、6号—尾根、7号—右前腿、8号—右腰部、9号—右后腿、10号—不标记。

五、实验动物处死法

① 颈椎脱位法：左手持镊子或用拇指、食指固定小鼠后头部，右手捏住鼠尾，用力向后上方拉，听到颈部咔嚓声即颈椎脱位，小鼠瞬间死亡。

② 断头、毁脑法：用于蛙类。用剪刀剪去头部，或用金属探针，经枕骨大孔破坏大脑和脊髓而致死。

③ 空气栓塞法：术者用50～100mL注射器，向静脉血管迅速注入空气，栓塞心脏和大血管而使动物死亡。使猫与家兔致死的空气量为10～20mL，狗为70～150mL。

④ 心脏取血法：术者手持注射器将粗大的针头刺入家兔与豚鼠心脏，抽取大量血液后动物立即死亡。

⑤ 大量放血法：

a. 鼠可用摘除眼球，从眼眶动脉静脉大量放血致死。如不立即死亡，可摘除另一眼球。

b. 猫可在麻醉状态下切开颈三角区，分离出动脉，钳夹上下两端，插入动脉插管，再松开下方钳子，轻压胸中可放大量血液，动物立即死亡。

c. 对于麻醉动物，可横向切开股三角区，切断股动静脉，血液喷出；同时用自来水冲洗出血部位（防止血液凝固），3～5min动物死亡。采集病理切片标本宜用此法。

六、给药量的计算

机能实验中，当需要为动物给药时，应了解给多大剂量才合适及药物应配成何种浓度，每次应给多少毫升。

药物浓度常用以下几种表示法。

1. 百分浓度

每100min溶液或固体物质中所含药物的份数。有三种表示法：

① 重量/体积（质量体积比）法　即每100mL溶液中所含药物的克数。此法最常用。不加特别指明的药物百分浓度即指此法。

② 重量/重量（质量比）法：即每100g制剂中所含药物的克数。

③ 体积/体积（体积比）法：即每100mL溶液中所含药物的毫升数。

2. 比例浓度

常用于表示稀溶液的浓度。例如1∶1000去甲肾上腺素溶液是指1000mL溶液中含去甲肾上腺素1g。

3. 摩尔浓度（M）

摩尔浓度是指1L溶液中所含药物的摩尔数。例如0.1mol/L NaCl溶液表示1000mL中含NaCl 5.844g。

剂量换算举例说明如下。

① 动物所用药物的剂量

例：小白鼠体重20g，腹腔注射盐酸吗啡10mg/kg，药物浓度为0.1%，应注射多少毫升？

解：根据百分浓度（C）=溶质（D）/溶剂（V）

得 $V=D/C=10$（mg/kg）/ 0.1%=10（mg/kg）×100mL/0.1g=10mL/kg

20g小白鼠应注射：

10mL/kg×0.02g=0.2mL

② 应配制的药物浓度

例：给家兔静脉注苯巴比妥钠90mg/kg，注射量为1 mg/kg，应配制苯巴比妥钠的浓度是多少？

解：$C=D/V=90$(mg/kg)/ 1(mL/kg)=9000mg/100mL=9%

参 考 文 献

[1] 陈奇主编．中药药理研究方法学．北京：人民卫生出版社，2006.

[2] 章蕴毅主编．药理学实验指导．北京：人民卫生出版社，2007.

[3] 李琳琳主编．药理学实验指导．北京：科学出版社，2006.

[4] 王学娅主编．药理学实验教程．北京：中国中医药出版社，2006.

[5] 谭毓治主编．药理学实验．北京：人民卫生出版社，2008.

第七章 中药材鉴定实验

学生通过实践加深理解,复习巩固课堂所学理论,熟悉植物细胞形态和基本构造,熟悉根、茎、花、果实、种子的形态和显微构造,学会鉴定生药的真、伪、优、劣的方法,通过基本理论的学习和基本技能的训练,掌握生药传统的经验鉴别方法和现代科学的鉴别方法,培养实际的工作能力和严肃认真的科学态度。本课程涉及的内容有。

原植(动)物鉴定:鉴定生药的植(动)物来源,即生药来源的科、属、种。应用植物、动物分类的方法,对植物、动物各器官鉴定,确定其分类地位。

性状鉴定:应用现代科学方法,结合传统的经验鉴别方法,主要用眼看、手摸、鼻嗅、口尝、水试和火试等手段。

显微鉴别:将生药制成组织片或粉末片;用显微镜观察其组织或粉末的特征,判断真伪。

理化鉴定:利用生药所含的某种化学成分的物理性质和化学性质,通过物理或化学的方法来鉴定生药的真伪和优劣。

实验一　中药材显微鉴定

一、目的要求
1. 掌握显微镜的使用。
2. 掌握显微鉴定的方法。
3. 掌握何首乌、商陆、川牛膝、怀牛膝异型维管束的结构及特征。

二、仪器、试剂、材料
仪器：生物显微镜、酒精灯。

试剂：水合氯醛、甘油。

药材：首乌、商陆、川牛膝、怀牛膝。

粉末：首乌、商陆等。

三、实验内容
1. 大黄、波叶组大黄、何首乌、虎杖、牛膝、川牛膝、商陆的性状鉴别。
2. 商陆、川牛膝、何首乌、异型维管束的观察。

四、实验方法
1. 性状鉴别

取大黄、波叶组大黄、川牛膝、商陆等药材进行性状鉴别观察。

2. 显微鉴别

① 横切面：取大黄、牛膝、川牛膝永久制片，观察显微特征。

② 取大黄粉末分别用稀甘油和水合氯醛装片，观察显微特征。

五、作业及思考题
1. 绘商陆、川牛膝、何首乌横切面结构简图。
2. 绘大黄粉末显微特征图。
3. 试述显微鉴定的意义。
4. 将实验结果填入下表。

药材名称	药用部位	颜色	气味	硬度	形态特点	光泽	功效	其他

实验二 根、根茎类、皮类药材的鉴别——黄连、川乌、甘草等的鉴别

一、目的要求

1. 熟悉川乌、附子、黄连、白芍、赤芍、黄芪、甘草、延胡索、半夏、水半夏、天南星、虎掌南星、石菖蒲、水菖蒲、九节菖蒲、天麻的性状特征。

2. 掌握黄连横切面结构特征及简图。

3. 掌握黄连、甘草的粉末显微特征。

二、仪器、试剂、材料

仪器：紫外分光光度计、生物显微镜、分液漏斗、酒精灯。

试剂：乙醇、稀盐酸、漂白粉、95%硝酸、乙醚、氨试液、硫酸（0.25mol/L）、水合氯醛、甘油。

药材：川乌、附子、黄连、白芍、赤芍、黄芪、甘草、延胡索、半夏、水半夏、天南星、虎掌南星、石菖蒲、水菖蒲、九节菖蒲、天麻等。

粉末：黄连、甘草。

三、实验内容

1. 观察川乌、附子、黄连、白芍、黄芪、甘草、延胡索等的性状特征。

2. 观察黄连的横切面及粉末的显微特征。

3. 观察甘草粉末显微特征。

四、实验方法

1. 性状鉴别

取川乌、附子、黄连、白芍、赤芍、黄芪、甘草、延胡索等药材，观察性状特征。

2. 显微鉴别

① 横切面：取味连、雅连、云连永久制片，观察显微特征。

② 粉末：取黄连、甘草粉末，以水合氯醛透化装片，观察显微特征。

五、作业及思考题

1. 绘黄连根茎横切面简图。

2. 绘黄连粉末、甘草粉末显微特征图。

3. 试述水合氯醛透化的作用。

4. 将实验结果填入下表。

药材名称	药用部位	颜色	气味	硬度	形态特点	光泽	功效	其他

实验三 根、根茎类、皮类药材的鉴别——人参、桔梗等的鉴别

一、目的要求

1. 熟悉人参、西洋参、当归、独活、川芎、防风、柴胡、桔梗、党参的性状鉴别要点。
2. 掌握人参横切面结构特点及粉末显微特点。
3. 熟悉桔梗、当归粉末显微特点。

二、仪器、试剂、材料

仪器：紫外光灯、生物显微镜、酒精灯。
试剂：水合氯醛、甘油。
药材：人参、西洋参、当归、独活、川芎、防风、柴胡、桔梗、党参。
横切片：人参（永久制片）。
粉末：人参、当归、桔梗。

三、实验内容

1. 观察人参、西洋参、当归、独活、川芎、防风、柴胡、桔梗、党参的性状特征。
2. 观察人参横切面组织结构特征。
3. 观察人参粉末显微特征。

四、实验方法

1. 性状鉴别

取人参、西洋参、当归、独活、川芎、防风、柴胡、桔梗、党参药材，观察性状特征。

2. 显微鉴别

① 横切面：取人参永久制片，观察显微特征。
② 粉末：取人参、当归、桔梗粉末，观察粉末显微特征。

五、作业及思考题

1. 绘人参横切面结构简图。
2. 绘人参、当归、桔梗粉末显微特征图。
3. 试述人参和西洋参形态鉴别特点。
4. 将实验结果填入下表。

药材名称	药用部位	颜色	气味	硬度	形态特点	光泽	功效	其他

实验四 茎木类药材的鉴别——关木通、沉香等的鉴别

一、目的要求
1. 熟悉关木通、川木通、大血藤、鸡血藤、苏木、降香、沉香、钩藤等药材的性状特征。
2. 掌握关木通、沉香的粉末显微特征。
3. 了解川木通粉末显微特征。

二、仪器、试剂、材料
仪器：紫外光灯、生物显微镜、滤纸、酒精灯。
试剂：水合氯醛、甘油。
药材：关木通、川木通、大血藤、鸡血藤、沉香、钩藤、苏木、降香等药材。
粉末：厚朴、沉香、肉桂、牡丹皮、关木通粉末。

三、实验内容
1. 观察关木通、川木通、大血藤、鸡血藤、沉香、钩藤、苏木、降香等药材的性状特征。
2. 观察厚朴、沉香、肉桂、牡丹皮、关木通粉末显微特征。
3. 观察关木通理化鉴别现象。

四、实验方法
1. 性状鉴别

取关木通、川木通、大血藤、鸡血藤、沉香、钩藤、苏木、降香药材，观察性状特征。

2. 显微鉴别

粉末：取厚朴、沉香、肉桂、牡丹皮、关木通粉末，装片，观察显微特征。

五、作业及思考题
1. 绘肉桂显微特征图。
2. 记录关木通鉴别过程及现象。
3. 试述茎类药材的种类和鉴别要点。
4. 将实验结果填入下表。

药材名称	药用部位	颜色	气味	硬度	形态特点	光泽	功效	其他

实验五 皮类药材的鉴别——厚朴、肉桂、杜仲等的鉴别

一、目的要求

1. 熟悉厚朴、肉桂、杜仲、牡丹皮、合欢皮的性状特征。
2. 掌握厚朴、肉桂、杜仲的粉末显微鉴别特征。
3. 了解牡丹皮、肉桂的理化鉴别原理及方法。

二、仪器、试剂、材料

仪器：紫外分光光度计、生物显微镜。
药材：厚朴、肉桂、杜仲、牡丹皮、合欢皮。
粉末：厚朴、杜仲、肉桂、牡丹皮。

三、实验内容

1. 观察厚朴、肉桂、杜仲、牡丹皮、合欢皮的性状特征。
2. 观察厚朴永久切片和粉末的显微结构特征。

四、实验方法

1. 性状鉴别

取厚朴、肉桂、杜仲、牡丹皮、合欢皮药材，观察性状特征。

2. 显微鉴别

① 横切面：观察厚朴永久制片显微结构特征。
② 粉末：厚朴、杜仲、牡丹皮，研末、装片、观察显微特征。

五、作业及思考题

1. 观察厚朴横切面结构简图。
2. 试述皮类药材的种类和鉴别要点。
3. 将实验结果填入下表。

药材名称	药用部位	颜色	气味	硬度	形态特点	光泽	功效	其他

实验六 花类药材的鉴别——红花、番红花等的鉴别

一、目的要求

1. 掌握菊花、红花、番红花、蒲黄、海金砂、松花粉、丁香、洋金花、金银花的性状鉴别特征。
2. 掌握红花、番红花、蒲黄、海金砂、松花粉的显微鉴别。

二、仪器、试剂、材料

仪器：白瓷板、生物显微镜、烧杯、滤纸、酒精灯。

药材：菊花、红花、番红花、蒲黄、海金砂、松花粉、丁香、洋金花、金银花。

粉末：红花、松花粉、海金砂、蒲黄。

三、实验内容

1. 观察菊花、红花、番红花、蒲黄、海金砂、松花粉、丁香、洋金花、金银花的性状特征。
2. 观察番红花整体封藏的显微特征。
3. 观察红花、蒲黄、海金砂、松花粉粉末显微特征。

四、实验方法

1. 性状鉴别

取菊花（杭菊、滁菊、贡菊）、红花、番红花药材，观察性状特征。

2. 显微鉴别

① 粉末：取红花、松花粉、海金砂、蒲黄粉末，装片，观察显微特征。

② 整体封藏：取番红花，整体封藏后，观察显微特征。

五、作业及思考题

1. 绘红花、松花粉、海金砂、蒲黄粉末显微特征图。
2. 试述花类药材的种类和鉴别要点。
3. 将实验结果填入下表。

药材名称	药用部位	颜色	气味	硬度	形态特点	光泽	功效	其他

实验七 种子类药材的鉴别——五味子、苦杏仁、补骨脂等的鉴别

一、目的要求
1. 掌握五味子、苦杏仁、补骨脂、吴茱萸的性状特征。
2. 掌握五味子、补骨脂、吴茱萸的显微鉴别特征。
3. 掌握果实类中药的一般结构。

二、仪器、试剂、材料
仪器：生物显微镜、试管、酒精灯。
药材：五味子、苦杏仁、补骨脂、吴茱萸。
粉末：五味子、补骨脂、吴茱萸、苦杏仁。

三、实验内容
1. 观察五味子、苦杏仁、补骨脂、吴茱萸的性状特征。
2. 观察五味子横切面显微结构特征。
3. 观察五味子、苦杏仁、补骨脂、吴茱萸粉末显微特征。

四、实验方法
1. 性状鉴别

取五味子、苦杏仁、补骨脂、吴茱萸药材，观察性状特征。

2. 显微鉴别

① 表面片：五味子。

② 粉末：取五味子、补骨脂、苦杏仁、吴茱萸粉末，水合氯醛透化装片，观察显微特征。

五、作业及思考题
1. 绘五味子、补骨脂、苦杏仁、吴茱萸粉末显微特征图。
2. 试述种子、果实类药材的种类和鉴别要点。
3. 将实验结果填入下表。

药材名称	药用部位	颜色	气味	硬度	形态特点	光泽	功效	其他

实验八 全草类药材的鉴别——麻黄、金钱草、广藿香等的鉴别

一、目的要求
1. 掌握麻黄、金钱草、益母草、广藿香、香薷、荆芥的性状鉴别特征。
2. 掌握麻黄、金钱草、广藿香的显微鉴别特征。

二、仪器、试剂、材料
仪器：生物显微镜、酒精灯、单面刀片、双面刀片。
试剂：水合氯醛、甘油。
药材：麻黄、金钱草、益母草、广藿香、香薷、荆芥。
粉末：麻黄、金钱草、广藿香。

三、实验内容
1. 观察麻黄、金钱草、益母草、广藿香、香薷、荆芥的性状特征。
2. 观察广藿香纵切面显微特征。
3. 观察麻黄、金钱草、广藿香粉末显微特征。

四、实验方法
① 性状：取麻黄、金钱草、益母草、广藿香、香薷、荆芥药材，观察性状特征。
② 纵切片：取广藿香药材徒手切片，观察纵切面显微特征。
③ 粉末：取麻黄、金钱草、广藿香粉末，以水合氯醛透化装片，观察显微特征。

五、作业及思考题
1. 绘麻黄、金钱草、广藿香粉末显微特征图。
2. 试述全草及叶类药材的种类和鉴别要点。
3. 将实验结果填入下表。

药材名称	药用部位	颜色	气味	硬度	形态特点	光泽	功效	其他

实验九　菌类药材的鉴别——猪苓、茯苓等的鉴别

一、目的要求

1. 掌握冬虫夏草、茯苓、猪苓、乳香、没药、阿魏、血竭、松香、琥珀的性状鉴别特征。
2. 掌握藻类、菌类、树脂类、其他类中药的一般性状鉴别方法。
3. 掌握猪苓、茯苓的显微鉴别特征。

二、仪器、试剂、材料

仪器：生物显微镜、酒精灯、可见紫外分光光度计、紫外灯、薄层板。
药材：冬虫夏草、茯苓、猪苓、乳香、没药、阿魏、血竭、松香、琥珀。
粉末：猪苓、茯苓。

三、实验内容

1. 观察以上各种药材的性状特征。
2. 做乳香、没药、琥珀、松香、血竭、阿魏的理化鉴别。

四、实验方法

1. 性状鉴别

取冬虫夏草、茯苓、猪苓、乳香、没药、阿魏、血竭药材，观察性状特征。

2. 水试、火试

取乳香、没药、阿魏、松香、琥珀，进行理化鉴别。

3、显微鉴别

取猪苓、茯苓粉末，装片，观察显微特征。

五、作业及思考题

1. 绘猪苓、茯苓粉末显微特征图。
2. 记录乳香、没药水试结果。
3. 试述真菌药的种类和鉴别要点。
4. 将实验结果填入下表。

药材名称	药用部位	颜色	气味	硬度	形态特点	光泽	功效	其他

实验十 动物药材的鉴别——金钱白花蛇、乌梢蛇等的鉴别

一、目的要求

1. 掌握龟板、鳖甲、蛤蚧、金钱白花蛇、蕲蛇、乌梢蛇、麝香、鹿茸、牛黄的性状鉴别特征。
2. 了解爬行纲动物类中药的一般性状鉴别方法。
3. 掌握金钱白花蛇、蕲蛇、乌梢蛇、麝香的显微鉴别特征。

二、仪器、试剂、材料

仪器：生物显微镜、酒精灯。

试剂：水合氯醛、甘油。

药材：金钱白花蛇、羚羊角、蛤蚧、鹿茸、乌梢蛇、蕲蛇、龟板、牛黄、鳖甲。

粉末：麝香。

三、实验内容与方法

取以上药材，观察性状特征。

四、作业及思考题

1. 绘金钱白花蛇形态图。
2. 动物药材的种类和鉴别要点。
3. 将实验结果填入下表。

药材名称	药用部位	颜色	气味	硬度	形态特点	光泽	功效	其他

实验十一 综合实验

一、目的要求

掌握几种常见中药的鉴别特征。

二、仪器、试剂、材料

药材：黄连、甘草、人参、石菖蒲、天麻、关木通、川木通、牡丹皮、厚朴、肉桂、杜仲、黄柏、番泻叶、丁香、洋金花、金银花、红花、五味子、苦杏仁、小茴香、白豆蔻、麻黄、广藿香、穿心莲、猪苓、茯苓、珍珠等。

仪器、试剂：按选取的材料，参考前述实验准备。

三、实验内容与方法

复习以上药材的鉴别方法。

参 考 文 献

[1] 王永珍主编. 中药鉴定学实验指导. 上海：上海科学技术出版社，1994.
[2] 袁丹主编. 中药鉴定学实验. 北京：中国医药科技出版社，2006.
[3] 张贵君主编. 中药鉴定学实验. 北京：科学出版社，2009.

附录　制药工程实验室管理基本知识

　　制药工程专业是一门实践性较强的专业，药学专业学生学习的重要内容之一。实验室工作是科学实践的重要手段之一。只有严肃认真地进行实验，才能获得可靠的结果，并从中引出反映客观实际的规律来。因此，养成严密地科学态度和良好地工作作风是实验室必不可少的教学环节。

　　在进入实验室之前，了解关于实验室的安全知识，有利于增强师生的安全意识和安全责任感。所以在进实验室前，指导教师须根据实验室的具体情况讲述需要注意的事项及安全防火须知。

　　进入实验室后，首先要了解实验室的布置、实验的类型、仪器、药品的信息以及预测在实验工作中可能出现的突发状况及危险并做好相应的准备和预案，并定期检查安全防护设备，做到有备无患。进入实验室后，还要知道紧急出口、灭火器和消防栓、紧急冲淋和洗眼器的位置，有利于在突发事件发生后第一时间作出反应。安装有门禁系统的实验室，应知道在玻璃门内侧安装用于紧急逃生的铁锤等工具，防止因断电造成门禁系统打不开而无法疏散与逃生的情况。

　　开始实验工作后。接触化学品的师生，要注意防护。入室应穿实验大褂。同时注意局部防护，必要时佩戴安全防护眼镜、防护手套、防护面罩、防毒面具、呼吸器等个人防护用具。实验室中的钢瓶，必须固定，严禁放倒使用、严禁阳光曝晒，防止出现意外。实验室的药品要分类存放，模糊或脱落的药品标签要及时更新，废液要分类收集、记录，预约外送。废液不应超过废液桶容积的90%。破碎的玻璃器皿应放于不易划破的容器内收集并送废液回收站。废液、实验废弃物、药品空瓶严禁随意丢弃于走廊或垃圾箱。实验室应及时妥善地处理废弃的药品、实验样品等，保证实验室整洁有序。

　　不要在实验室内吃东西、喝水、化妆；不要在实验室内的冰箱、冰柜、冷藏间、烘箱内存放食物；不喝实验用水龙头流出的水；不要用实验器皿盛装食物；避免单人做实验；进行实验时人不能离开现场。

　　实验室属于小型公共场所，师生的安全责任感和良好的实验习惯将造就整洁、有序、安全与和谐的实验环境。

　　一、实验室安全操作规程

　　1. 不提倡明火加热，尽量使用油浴等；温控仪要接变压器，过夜加热电压不超过110V；各种线路的接头要严格检查，发现有被氧化或被烧焦的痕迹时，应更换新的接头。

　　2. 所有通气实验（除高压反应釜）应接有出气口，避免使用气球，需要隔绝空气的，可用惰性气体或油封来实现。

　　3. 实验操作时，保证各部分无泄漏（液体、气体、固体），特别是在加热和搅拌时无泄漏。

　　4. 各类加热器都应该有控温系统，如通过继电器控温的，一定要保证继电器的质量和有效的工作时间，容易被氧化的各个接触点要及时更新，加热器各种插头应该插到位并紧密接触。

5. 实验室各种溶剂和药品不得敞口存放，所有挥发性和有气味物质应放在通风橱或橱下的柜中，并保证有孔洞与通风橱相通。

6. 回流和加热时，液体量不能超过瓶容量的 2/3，冷却装置要确保能达到被冷却物质的沸点以下；旋转蒸发时，不应超过瓶容量的 1/2。

7. 要熟悉减压蒸馏的操作程序，不要发生倒吸和暴沸事故。

8. 做高压实验时，通风橱内应配备保护盾牌，工作人员必须戴防护眼镜。

9. 会正确操作气体钢瓶，并对各种钢瓶的颜色和各种气体的性质非常清楚。

10. 保证煤气开关和接头的密封性，学生应该会自己检查漏气的部位。

11. 各实验室应该备有沙箱、灭火器和石棉布，学生和教员必须知道何种情况用何种方法灭火，同时会熟练使用灭火器。

12. 各实验室应有割伤，烫伤，酸、碱、溴等腐蚀损伤的常规药品，应该清楚如何进行急救。

13. 进入实验室工作的人员，必须熟悉实验室及其周围的环境，如水阀、电闸、灭火器及实验室外消防水源等设施位置。

14. 离开实验室时，必须认真检查水、电、门、窗、气，拉闸断电，关闭门、窗、气、水后才能离开。

15. 增强环保意识，不乱排放有害药品、液体、气体污染环境。

16. 严格按规定放置、使用和报废各类钢瓶及加压装置，正确使用加热装置（包括电炉、烘箱等）和取暖装置。

17. 仪器、设备应规范使用并进行日常维护。

二、实验室学生守则

1. 遵守实验室制度，维护实验室安全，不违章操作，严防爆炸、着火、中毒、触电、漏水等事故的发生。若发生事故应立即报告指导教师。

2. 进入实验室的学生必须穿实验服，保持实验室内的整洁、安静，不得迟到早退，不得喧哗、打闹、吸烟、进食和随地吐痰；不得穿凉鞋、高跟鞋或拖鞋；留长发者应束扎头发。

3. 实验前做好预习，明确实验内容，了解实验的基本原理、方法和操作规程，安排好当天计划，争取准时结束。试验前应清点并检查仪器是否完整，装置是否正确，合格后方可进行试验。

4. 进入实验时，应认真操作，仔细观察，注意理论联系实际，用已学的知识判断、理解、分析和解决实验中所观察到的现象和所遇到的问题，不断自己提高分析问题和解决问题的能力。依据实验要求，如实而有条理地记录实验现象和所得数据，记录不能随意涂改。严禁编造数据，弄虚作假。

5. 实验后要及时总结经验教训，不断提高实验工作能力；要认真书写实验报告，实验报告的字迹要工整，图表要清晰，按时交老师批阅；若实验报告不符合要求者，必须返工重作。

6. 用动物进行实验时，在杀死或解剖等操作中，必须按照规定方法进行。不许戏弄动物，绝对不能用动物、手术器械开玩笑。

7. 要爱护仪器。贵重仪器在使用前应熟知使用方法。使用时，要严格遵守操作规程。

发生故障时，应立即停止仪器的运转，告知管理人员，切勿擅自拆修。使用后应按规定登记。公用仪器及药品用完后立即返还原处，破损仪器应填写破损报告单，注明原因。

8. 严格执行各项实验室安全规定，节约用水、用电、药用试剂，严格药品用量。不可调错瓶塞，以免污染，仪器要洗刷干净。实验室的药品器材，未经允许不得带出实验室。

9. 保持实验室内整洁，学生采取轮流值日，每次实验完毕，负责整理公用仪器，将实验台、地面打扫干净，倒清废物缸，检查水、电和门窗是否关闭。试验台上不放无用的药品、仪器，在实验时要做到水槽、仪器、桌面、地上清洁整齐。实验室水槽易发生由抹布和碎拖布条堵塞而造成水灾。

10. 消防器材，沙箱、石棉布、灭火器等应放在方便固定的地点，不能随意移动，均应处于备用状态万一不慎着火，要沉着冷静积极抢救，应立即切断室内电源和火源，用石棉布将着火部位盖严，使其断绝空气而熄灭。或视火势情况选用适当灭火器材进行灭火。在实验室使用二氧化碳灭火器较好，它具有不腐蚀不导电的优点。

11. 手上有水或潮湿请勿接触电器用品或电器设备；严禁使用水槽旁的电器插座（防止漏电或感电）。电器插座请勿接太多插头，以免电器超负荷，引起电器火灾。实验室内不得使用明火取暖，严禁抽烟。

12. 熟练掌握灭火器使用方法，遇事沉着冷静，及时向老师汇报。

13. 培养良好的职业道德，养成良好的实验室工作习惯，勤奋好学，吃苦耐劳，爱护集体，关心他人。

三、实验室教师守则

1. 认真履行职责，确保实验室各项教学科研任务的完成。

2. 做好实验前的准备工作，对每个实验的目的、方法、步骤都要详细设计，并准备好试剂和用品，确保学生实验的顺利进行，确保实验室及实验室人员的安全。

3. 严格要求学生，培养学生的实验动手能力，使学生养成良好的实验室工作习惯。

4. 认真指导学生实验，严格审查学生的实验数据，发现问题及时纠正。

5. 做好实验日志，维护好实验仪器设备，对有故障和损坏的仪器设备及时填写相应的记录并报修。

6. 负责大型仪器实验教学的老师要全面掌握仪器的性能和操作规程，严格执行仪器使用和维护记录制度，认真记录开、关机时间、所测样品、人员培训以及仪器的运行状况，定期检查仪器的性能指标，确保实验数据准确无误。

7. 对未按要求完成实验准备工作、不认真进行实验操作或违反实验室制度的学生，应予以严厉批评和制止。

8. 定期检查实验室安全，落实实验室安全防范措施，及时消除安全隐患。

9. 注意节水、节电、节约材料，杜绝浪费，保持实验室内的日常清洁卫生。

10. 下班或离开实验室时，必须锁门、关窗、断水、断电。

11. 不断学习，积极摸索和改进实验教学内容和教学方法，努力提高教学质量。

四、实验室安全用电须知

1. 实验室工作人员必须时刻牢记"安全第一，预防为主"的方针和"谁主管，谁负责"的原则，做好实验室用电安全工作。

2. 使用电子仪器设备时，应先了解其性能，按操作规程操作。实验前先检查用电设备，再接通电源；实验结束后，先关仪器设备，再关闭电源。

3. 若电器设备发生过热现象或出现焦糊味时，应立即关闭电源。

4. 实验室人员如离开实验室或遇突然断电，应关闭电源，尤其要关闭加热电器的电源开关。

5. 电源或电器设备的保险丝烧断后，应先检查保险丝被烧断的原因，排除故障后再按原负荷更换合适的保险丝，不得随意加大或用其他金属线代替。

6. 实验室内不能有裸露的电线头；如有裸露，应设置安全罩；需接地线的设备要按照规定接地，以防发生漏电、触电事故。

7. 如遇触电时，应立即切断电源，或用绝缘物体将电线与触电者分离，再实施抢救。

8. 电源开关附近不得存放易燃易爆物品或堆放杂物，以免引发火灾事故。

9. 电器设备或电源线路应由专业人员按规定装设，严禁超负荷用电；不准乱拉、乱接电线；严禁实验室内用电炉、电加热器取暖和实验工作以外的其他用电。

10. 严格执行学校关于用电方面的规章制度。

五、实验室使用和放置化学试剂须知

实验室用化学试剂共分八类：爆炸品；压缩气体和液化气体；易燃液体；易燃固体、自燃物品和遇湿易燃物品；氧化剂和有机过氧化物；有毒品；放射性物品；腐蚀品。常见试剂及使用注意事项如下。

（一）爆炸品

如 2,4,6-三硝基甲苯［别名：梯恩梯或茶色炸药；分子式：$CH_3C_6H_2(NO_2)_3$］、环三次甲基三硝胺（别名黑索金，$C_3H_6N_3(NO_2)_3$）、雷酸汞［$Hg(ONC)_2$］等。

注意事项：

1. 应放置在阴凉通风处，远离明火、远离热源，防止阳光直射，存放温度一般在15～30℃，相对湿度一般在65%～75%。

2. 严防撞击、摔、滚、摩擦。

3. 严禁与氧化剂、自燃物品、酸、碱、盐类、易燃物、金属粉末放在一起。

4. 严格执行"双人保管、双本账、双把锁"的规定。

（二）压缩气体和液化气体

1. 易燃气体：如正丁烷（$CH_3CH_2CH_2CH_3$）、氢气（H_2）、乙炔（别名：电石气，C_2H_2）等。

2. 不燃气体：如氮、二氧化碳、氖、氩、氪、氙等。

3. 有毒气体：如氯（Cl_2）、二氧化硫（别名：亚硫酸酐，SO_2）、氨（NH_3）等。

注意事项：同各类钢瓶管理规定。

（三）易燃液体

如汽油（C_5H_{12}～$C_{12}H_{26}$）、乙硫醇（C_2H_5SH）、二乙胺［$(C_2H_5)_2NH$］、乙醚（$C_4H_{10}O$）、丙酮（C_3H_6O）等。

注意事项：

1. 应放置在阴凉通风处，远离火种、热源、氧化剂及酸类物质。

2. 存放处温度不得超过30℃。

3. 轻拿轻放，严禁滚动、摩擦和碰撞。

4. 定期检查。

(四) 易燃固体、自燃物品和遇湿易燃物品

1. 易燃固体：如 N,N-二硝基五亚基四胺 $[(CH_2)_5(NO)_2N_4]$、二硝基萘 $[C_{10}H_6(NO_2)_2]$、红磷 (P_4) 等。

注意事项：

① 放在阴凉通风处，远离火种、热源、氧化剂及酸类物质。

② 不要与其他危险化学试剂混放。

③ 轻拿轻放，严禁滚动、摩擦和碰撞。

④ 防止受潮发霉变质。

2. 自燃物品：如二乙基锌 $[Zn(C_2H_5)_2]$、连二亚硫酸钠 ($Na_2S_2O_4 \cdot 2H_2O$)、黄磷 (P_4) 等。

注意事项：

① 应放置在阴凉、通风、干燥处，远离火种、热源，防止阳光直射。

② 不要与酸类物质、氧化剂、金属粉末和易燃易爆物品共同存放。

③ 轻拿轻放，严禁滚动、摩擦和碰撞。

3. 遇湿易燃品：三氯硅烷（$SiHCl_3$）、碳化钙（CaC_2）等。

注意事项：

① 存放在干燥处。

② 与酸类物品隔离。

③ 不要与易燃物品共同存放。

④ 防止撞击、震动、摩擦。

(五) 氧化剂和有机过氧化物

1. 氧化剂：如过氧化钠（Na_2O_2）、过氧化氢溶液（40%以下，H_2O_2）、硝酸铵（NH_4NO_3）、氯酸钾（$KClO_3$）、漂粉精 [次氯酸钙，$3Ca(OCl)_2 \cdot Ca(OH)_2$]、重铬酸钠（$Na_2Cr_2O_7 \cdot 2H_2O$）等。

注意事项：

① 该类化学试剂应密封存放在阴凉干燥处。

② 应与有机物、易燃物、硫、磷、还原剂、酸类物品分开存放。

③ 轻拿轻放，不要误触皮肤，一旦误触，应立即用水冲洗。

2. 有机氧化物：如过乙酸（含量≤43%，别名过氧乙酸，CH_3COOOH）、过氧化十二酰 [工业纯，$(C_{11}H_{23}CO)_2O_2$]、过氧化甲乙酮（$C_4H_{10}O_3$）等。

注意事项：

① 存放在清洁、阴凉、干燥、通风处。

② 远离火种、热源，防止日光暴晒。

③ 不要与酸类、易燃物、有机物、还原剂、自燃物、遇湿易燃物存放在一起。

④ 轻拿轻放，避免碰撞、摩擦，防止引起爆炸。

（六）有毒化学试剂分剧毒和毒害两类：

1. 剧毒类化学试剂：无机剧毒类，如氰化物、砷化物、硒化物、汞、锇、铊、磷的化合物等。有机剧毒类，如硫酸二甲酯、四乙基铅、醋酸苯等。

2. 毒害化学试剂：无机毒害类，如汞、铅、钡、氟的化合物等。有机毒害类，如乙二酸、四氯乙烯、甲苯二异氰酸酯、苯胺等。

注意事项：

① 有毒化学试剂应放置在通风处，远离明火、远离热源。

② 有毒化学试剂一般不得和其他种类的物品（包括非危险品）共同放置，特别是与酸类及氧化剂共放，尤其不能与食品放在一起。

③ 进行有毒化学试剂实验时，化学试剂应轻拿轻放，严禁碰撞、翻滚以免摔破漏出。

④ 操作时，应穿戴防护服、口罩、手套。

⑤ 实验时严禁饮食、吸烟。

⑥ 实验后应洗澡和更换衣物。

（七）放射性物品

如钴60、独居石、镭、天然铀等。

注意事项：

1. 用铅制罐、铁制罐或铅铁组合罐盛装。

2. 实验操作人员必须做好个人防护，工作完毕后必须洗澡更衣。

3. 严格按照放射性物质管理规定管理放射源。

（八）腐蚀性化学试剂

酸性腐蚀性化学试剂，如硝酸、硫酸、盐酸、五氯化硫、磷酸、甲酸、氯乙酰氯、冰醋酸、氯磺酸、溴素等。碱性腐蚀性化学，如氢氧化钠、硫化钠、乙醇钠、二乙醇胺、二环己胺、水合肼等。

注意事项：

1. 腐蚀性化学试剂的品种比较复杂，应根据其不同性质分别存放。

2. 易燃、易挥发物品，如甲酸、溴乙酰等应放在阴凉、通风处。

3. 受冻易结冰物品，如冰醋酸、低温易聚合变质的物品，如甲醛则应存放在冬暖夏凉处。

4. 有机腐蚀品应存放在远离火种、热源及氧化剂、易燃品、遇湿易燃物品的地方。

5. 遇水易分解的腐蚀品，如五氧化二磷、三氯化铝等应存放在较干燥的地方。

6. 漂白粉、次氯酸钠溶液等应避免阳光照晒。

7. 碱类腐蚀品应与酸分开存放。

8. 氧化性酸应远离易燃物品。

9. 实验室应备诸如苏打水、稀硼酸水、清水一类的救护物品和药水。

10. 做实验时应穿戴防护用品，避免洒落、碰翻、倾倒腐蚀性化学试剂。

11. 实验时，人体一旦误触腐蚀性化学试剂，接触腐蚀性化学试剂的部位应立即用清水冲洗 5~10min，视情况决定是否就医。

（九）灭火器使用须知

目前，实验室和公共场所使用的灭火器多为手提式二氧化碳灭火器和手提贮压

（ABC）干粉灭火器，工作原理相同，使用方法如下。

1. 携灭火器到火灾现场。
2. 操作者将灭火器把上的保险销拔掉。
3. 操作者一手握住喷射软管，将喷嘴对准火焰根部，另一手压下压把。
4. 灭火器可喷射，也可点射，按下即喷，松开即停。
5. 灭火器用后可重新装粉，反复使用。

制药工程专业基础实验

ZHIYAO
GONGCHENG
ZHUANYE
JICHU
SHIYAN

定 价：20.00元